샘 해밍턴의 하루 5분

아빠랜드

샘 해밍턴의 하루 5분

아빠랜드

샘 해밍턴 지음

손석한(소아청소년정신과 전문의, 연세신경정신과 원장)·**권오진**(아빠학교 교장) 감수

구층책방

Sam Hamington
샘해밍턴

William

아빠가
손 잡아 줬어요.

벤틀리

WELCOME TO 육아 WORLD!

여러분!
저 지금 재미있어서
웃는 거예요.

아빠가 처음인, 대한민국의 모든 초보 아빠들에게
남다른 육아 노하우를 담은 이 책을 선사합니다.

샘 해밍턴의 하루 5분

아빠랜드 ★활용법★

귀여운 내 아이가 퇴근해서 온 아빠와의 놀이를 반기지 않나요?
아이가 반복되는 놀이에 흥미를 잃었나요? 그렇다면 당신은 놀이 솔루션이 필요합니다.
아빠에게는 늘 똑같은 놀이지만, 아이에게는 같은 놀이라도 어제와 오늘의 느낌이 다르게 다가옵니다.
귀여운 내 아이의 발달 단계, 아빠의 컨디션에 따라 놀이를 선택하고,
아이와 행복한 교감의 시간을 보내도록 하세요.
하루 5분 동안 아빠와 함께하는 놀이가 건강한 몸과 마음을 가진 아이로 성장하게 하는
지름길이라는 것 잊지 마세요!

★ 으라차차 손바닥 씨름 ★
아빠와 아이가 마주 보고 서로의 손바닥을 밀어서 넘어뜨리는 놀이이다.
놀이 시작은 눈싸움이다. 나와 윌리엄은 서로의 눈을 뚫어져라 쳐다보면서 기회를 엿본다.
치열한 눈치 게임. 손바닥을 '훅' 밀어도 보고, 슬쩍 피해도 본다.
그러나 윌리엄의 슈퍼 파워에 나는 힘없이 '벌러덩' 넘어지며 어김없이 항복한다.
아이의 자신감도 기분도 'Up' 되는 신나는 놀이이다.
HOW TO PLAY
O.K.
1 아빠와 아이가 마주 보고 선 후 아빠는 까치발로 쪼그려 앉는다.
쿵~
이얍~
2 서로의 손바닥을 힘차게 밀어 상대의 중심을 무너뜨린다.
어이쿠
10번 중 8번은 져 주는 센스! 아시죠?
WIN
3 아이가 밀어서 아빠가 넘어질 때에는 오버액션 하며 재미있는 상황을 연출한다.
변형 놀이
ROUND2
이번엔 안 봐 줄 거야!
엉덩이 씨름
서로의 엉덩이를 맞대고 힘껏 밀어내세요.
전문가 팁!
아빠와 마주 보며 손을 맞대고 놀이하면서 친밀감이 쌓입니다. 또 아이의 조절 능력과 몸의 균형 감각을 기를 수 있습니다. 아빠를 이기며 아이의 자신감이 올라가는 것은 덤이지요.
045

아빠랑
신나게
놀아요!

재미있는 그림으로 표현한 놀이 과정, 변형 놀이, 전문가의 조언 등 아이와 놀이할 때 아빠가 꼭 알아야 하는 내용이 담겨 있습니다.
제시한 놀이별 연령은 성장 발달에 따른 참고 기준입니다. 큰 아이들도 좋아하는 놀이이니 상황에 맞추어 재미있게 놀아 주세요.

샘 아빠의 특급 놀이 비법

1 아빠 아닌 친구로 변신!

놀 때는 잠시 아빠의 역할은 잊고, 아이와 동갑내기 친구가 되어 신나게 놀아요.

우악!!
도망가자!!
으악!! 무서

2 리얼 오버액션 필수!

조금 어색하고 민망해도 최대한 리액션을 크게 해 주세요. 아이의 행복 지수가 팍팍 올라간답니다.

으어어억
아빠항복!
이겼다!
와아

3 우렁찬 목소리와 신나는 추임새!

중저음의 우렁찬 아빠의 목소리에 아이는 힘을 얻고 놀이에 더 집중해요. 놀이 중 '그렇지!'와 같은 추임새와 하이파이브는 아이의 기를 살려 더 신나게 만들어 줍니다.

잘했어
GOAL!!
벤!!!!!
최고

4 아이의 생각 꿰뚫기!

아이의 행동이나 감탄사를 따라 해 보며 아이의 행동과 태도에서 드러난 마음을 읽어 주세요. 그리고 느낀 그대로 말하고 물어보세요.

아이는 놀이로 세상을 배우고 성장합니다

손석한 (소아청소년정신과 전문의, 연세신경정신과 원장)

여러분의 아이를 자세히 살펴보세요. 하루 종일 무엇을 하고 있나요? 먹고 자는 시간 외에는 늘 놀이에 열중하고 있지 않나요? 아이들은 왜 노는 것일까요? 이유는 단순합니다. 재미있기 때문입니다. 아이들에게 놀이는 재미있는 활동이자 성장 발달을 돕는 촉진제이며 세상을 체득하는 교육의 장입니다.

아이에게 놀이는 왜 중요할까요? 놀이는 어떤 효과를 줄까요?

첫째, 아이는 놀이를 통해 정서적 안정을 얻습니다.
아이는 부모와 상호 작용하며 노는 과정에서 부모의 표정과 반응을 보면서 안정감을 느낍니다. 또 놀이를 통해 자신의 부정적인 감정을 발산하고 스트레스를 해소하며 즐거움을 느낍니다. 놀이 과정에서 좌절을 경험할 수도 있지만 이러한 경험은 오히려 훗날 세상을 마주하고 극복해 나가는 단단한 마음을 가질 수 있도록 해 줍니다.

둘째, 아이는 놀이를 통해 사회성을 터득합니다.
친구들 혹은 형제자매와 친밀하게 어울리며 인간관계를 형성하고, 순서를 지켜 놀이하면서 규칙을 익히게 됩니다. 이처럼 놀이할 때 아이는 자연스럽게 사회성을 체득합니다. 또 놀이 과정에서 문제 상황을 겪으면서 사회적 갈등을 해결하는 연습을 하게 되며, 더 나아가 상대방과 영향을 주고받으면서 감정을 공유하고 의사소통하는 방법을 익히게 됩니다.

셋째, 아이는 놀이를 통해 사고력을 향상합니다.

아이는 놀이하며 새로운 사물을 접하고 경험합니다. 다양한 형태, 질감, 크기, 색채를 가진 놀잇감을 가지고 놀면서 사물의 속성과 현상의 이치를 깨달을 뿐만 아니라 놀잇감을 다루는 방법도 알게 됩니다. 또 다양한 재료로 무언가를 만들면서 상상력과 창의력을 기르고, 문제를 해결하고 탐구하는 과정에서 추리력과 문제 해결 능력을 기를 수 있습니다.

넷째, 아이는 놀이를 통해 건강한 신체와 운동 기능이 발달합니다.

아이는 보고, 듣고, 만지며 놀이하는 과정을 통해 감각 기능을 발달시키고, 몸의 각 부위를 자극하면서 신체의 성장과 운동 기능의 발달을 촉진하게 됩니다. 또 놀이를 하려면 몸의 감각 기능과 운동 기능을 조화롭게 사용해야 하므로 신체 조절 능력이 발달하게 됩니다.

내 아이가 궁금한가요? 아이의 성격이 걱정되나요?

아이와 함께 다양한 놀이를 해 보세요. 놀이를 하는 동안 아이는 자신의 소망을 표현하거나 속상한 마음을 드러내게 됩니다. 아빠는 아이의 솔직한 마음을 놀이를 통해 읽어 낼 수 있으며 함께 공감하고 치유하며 교감할 수 있을 것입니다. 놀이를 통해 부수고 파괴하는 아이, 공격적인 놀이만 하던 아이가 어느새 새로운 것을 만들거나 건설하고, 위험에 처한 약한 사람을 구하는 놀이를 하는 등 성격과 감정에 긍정적인 변화를 일으킬 것입니다.

이처럼 내 아이가 건강하게 성장하기 위해서는 충분한 놀이가 필요합니다. 연령별, 성장 발달별 놀이 방법이 친절하고 재미있게 소개되어 있는 이 책을 통해 세상 모든 아이가 아빠와 함께하는 행복한 경험과 즐거움, 생각의 자유로움을 느낄 수 있게 되기를 바랍니다.

추천사 2

아빠 육아, 선택이 아니라 필수입니다

권오진 (아빠학교 교장)

전통적으로 육아는 엄마의 전유물이었습니다. 그러나 이제 아빠 육아는 선택이 아니라 필수가 되었습니다. 아이는 엄마와 아빠의 손길을 고루 받으며 성장해야 합니다. 꼼꼼하고 섬세하게 아이의 내면과 정서를 돌보는 것도 필요하지만 큰 그림을 그리며 아이의 인생 방향을 제시하고 사회 규범을 알려 주는 것 또한 필요합니다. 그리고 부모의 일관성 있는 훈육으로 아이가 사물의 의미와 가치를 올바르게 이해하고, 규범과 질서에 대하여 명확한 기준을 갖도록 알려 줘야 합니다.

특히 아빠의 육아 참여는 엄마의 육아와 다른 면에서 긍정적인 영향(아빠 효과 Fathering Effect)을 줍니다. 다양한 연구 결과에 따르면 아빠가 육아에 적극적으로 참여한 아이일수록 사회성이 발달하고, IQ와 정서 지능, 신체 발달, 언어 발달 면에서 높은 수치를 나타냈다고 합니다. 그뿐만 아니라 자존감, 자신감, 안정감 또한 높게 나타났다고 합니다.

하지만 현실에서는 엄마, 아빠의 고른 육아란 쉽지 않습니다. 아빠들은 육아 리얼리티 프로그램 〈슈퍼맨이 돌아왔다〉에서처럼 자녀와 잘 놀고 아이와 교감하는 아빠가 되고 싶어 합니다. 그러나 시간을 내기도 어려울 뿐더러 막상 시간을 내서 아이와 놀아 주어야겠다고 마음을 먹어도 무엇을 하며 어떻게 놀아 주어야 할지 막막하다고 토로합니다.

아이와 같이 논다는 것은 꼭 어떤 놀이를 해야 한다는 것을 의미하지는 않습니다. 같이 밥을 먹고, 같이 이야기를 나누면서 아이의 말을 들어 주고, 스마트폰을 들여다보는 대신 아이가 무엇을 좋아하고 싫어하는지 관심을 기울이며 살펴보는 것 등이 넓은 의미에서는 아이와 함께 노는 것입니다.

아빠 놀이에서 중요한 것은 '무슨' 놀이를 하느냐가 아니라
'어떻게' 노느냐입니다.
무슨 놀이든 아이와 함께 즐겁게 그 감정을 공유하면
그것이 곧 놀이가 됩니다.

이 책에서 소개된 놀이는 누구나 쉽게 따라 할 수 있는 생활 밀착형 놀이입니다. 놀이 초보 아빠도 쉽게 따라 할 수 있도록 구체적인 설명과 방법이 사진과 그림으로 제시되어 있어 아빠 놀이 육아의 훌륭한 가이드가 되어 줄 것입니다.

재미있는 놀이를 통해 아이의 지능을 키우고 아빠의 육아 잠재력을 발견하고 싶으신가요?

그럼 지금부터 이 책과 함께 즐거운 아빠 놀이 육아를 시작해 보세요.

CONTENTS

HOW TO PLAY • 샘 해밍턴의 하루 5분 아빠랜드 활용법 · 6
추천사 1 • 아이는 놀이로 세상을 배우고 성장합니다 · 8
추천사 2 • 아빠 육아, 선택이 아니라 필수입니다 · 10
PROLOGUE • 저는 두 아이의 슈퍼맨 아빠입니다 · 16

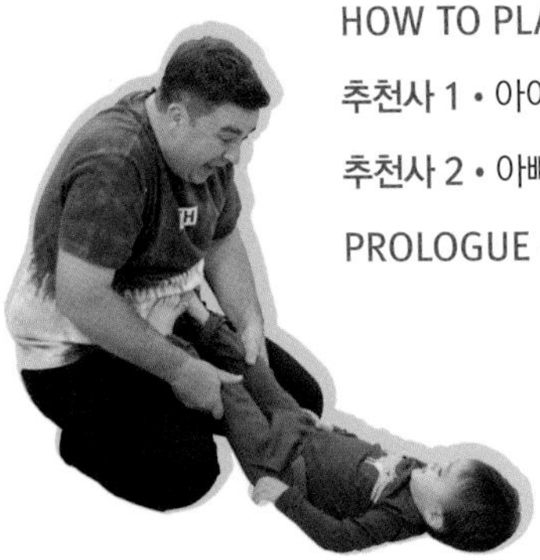

PART 01

자존감을 높이는 사랑 쑥쑥 놀이

윌벤저스, 아빠가 많이 사랑해!

전지적 아빠 시점 • 우리들만의 비밀? · 26

★ 쓰담쓰담 달콤 안마 · 28
★ 간질간질 발바닥 전화기 · 30
★ 슝슝 아빠 비행기 · 32
★ 위! 아래! 매직 스윙 · 34
★ 거미가 줄을 타고 올라갑니다 · 36
★ 아빠 껌딱지 · 38
★ 장난감 뽑기 머신 · 40
★ 빙글빙글 물레방아 · 42
★ 으라차차 손바닥 씨름 · 44
★ 탄생! 해밍턴's 미라 가족 · 46
★ 폭신폭신 아빠 크림 · 48

샘 아빠's 진솨 육아 STORY • 여기에 낙서하면 진솨 곤란해! · 50
알아 두면 쓸데 있는 신박한 육아 비법 ① · 54

PART 02

몸이 튼튼해지는 신체 놀이

극한 직업, 아빠의 수난 시대

전지적 아빠 시점 • 아빠는 놀이터 · 58

★ 살랑살랑 리본 댄스 · 60
★ 고독한 승부사, 투우 · 62
★ 얍! 신문지 격파 · 64
★ 영차영차 수건 줄다리기 · 66
★ 축구왕 슛돌이 · 68
★ 발사! 개구리 폭탄 · 70

샘 아빠's 진화 육아 STORY • 샘 오취리 때문이야! · 72

★ 스트라이크! 페트병 볼링 · 76
★ 팡팡! 풍선 꼬리 터뜨리기 · 78
★ 슝슝! 풍선 배드민턴 · 80
★ 착착 붙어라! 거미줄 놀이 · 82
★ 미션! 임파서블 · 84
★ 쉐킷 쉐킷! 온몸 흔들기 · 86
★ 레슬링 무브! 거북이 탈출 · 88
★ 뽁뽁이 주먹왕 · 90
★ 달려라! 봉다리 스케이터 · 92
★ 익스트림 카우보이 로데오 · 94
★ 집중력 UP! 미니 골프 · 96
★ 온몸으로 컬러터치 트위스터 · 98

샘 아빠's 진화 육아 STORY • You can do it! · 100

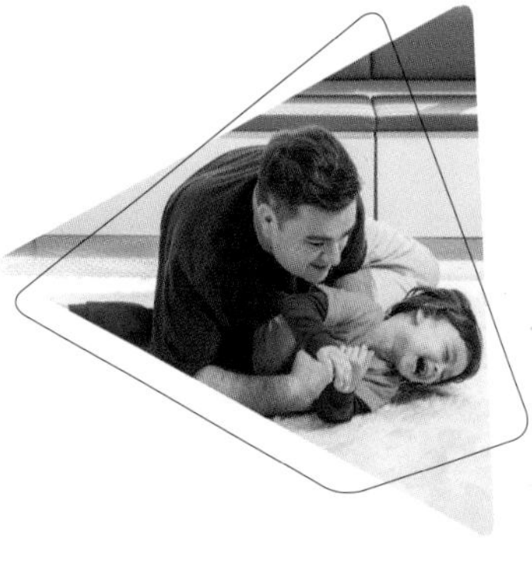

PART 03

공감과 배려가 자라는 사회성 놀이

형제의 싸움, 아빠는 솔로몬

전지적 아빠 시점 • 벤틀리는 억울해! · 106

★ 빵빵! 박스 자동차 · 108
★ 꼭꼭 숨어라! 숨바꼭질 · 110
★ 우르르 책 도미노 · 112
★ 성큼성큼 손수레 걷기 · 114
★ 쌓고 또 쌓고, 그림책 탑 · 116
★ 긴급 출동! 인형 구조대 · 118
★ 알쏭달쏭 표정 읽기 · 120
★ 오싹오싹 좀비 술래잡기 · 122
★ 주사 꾹! 의사 놀이 · 124
★ 아슬아슬 신문지 섬 · 126
★ 미션! 징검다리 건너기 · 128
★ 휙휙 날아가는 동전 UFO · 130

샘 아빠's 진화 육아 STORY • 아이들은 싸우면서 큰다 · 132
알아 두면 쓸데 있는 신박한 육아 비법 ② · 136

PART 04

바른 습관을 기르는 생활 습관 놀이

잘 자고, 잘 먹고, 잘 노는! 바른 생활 윌벤저스

전지적 아빠 시점 • 아빠도 잠 좀 자자! · 140

★ 흔들흔들 이불 그네 · 142
★ 아빠 한 입, 나 한 입 · 144
★ 달려라 달려! 이불 썰매 · 146
★ 토닥토닥, 인형 재우기 · 148
★ 오늘은 내가 밀가루 반죽 요리사! · 150
★ 잡아라! 입속 세균맨 · 152
★ 돌돌 말아! 이불 김밥 · 154
★ 우당탕탕! 베개 싸움 · 156
★ 꿈나라로 가는 책 읽기 · 158
★ 둥실둥실 풍선 먼지 털기 · 160
★ 찾아라! 환상의 양말 짝꿍 · 162
★ 쓱쓱싹싹 쓰레기 모으기 · 164
★ 어서 오세요! 정리 마트 · 166
★ 꼬질꼬질 인형 옷 갈아입히기 · 168
★ 아빤 누구 거? 이름표 붙이기 · 170

샘 아빠's 진화 육아 STORY • 꼬질꼬질 꼬질이는 싫어! · 172

PART 05

집중력과 사고력을 높이는 지능 발달 놀이

뜻밖의 재능 발견! 아빠가 힘이 되어 줄게

전지적 아빠 시점 • 아빠의 꿈 · 178

★ 쿵짝짝! 해밍턴's 음악대 · 180
★ 주룩주룩 신문지 비 · 182
★ 아찔한 촉감 탐정! · 184
★ 터치터치! 동물의 왕국 · 186
★ 두근두근 그림 카드 퀴즈 · 188
★ 냠냠~ 컬러 사냥꾼 · 190
★ 조준! 병뚜껑 알까기 · 192
★ 특급 미션! 간식 보물찾기 · 194
★ 후후 탁구공 불기 · 196
★ 조심조심 종이컵 성 쌓기 · 198
★ 집중! 종이컵 속 구슬 찾기 · 200
★ 장난감 신체검사 · 202
★ 뻥튀기 가면무도회 · 204
★ 자동차 컬링 대회 · 206
★ 추억의 보리쌀 놀이 · 208
★ 속닥속닥 귓속말로 전하기 · 210

샘 아빠's 진화 육아 STORY • 혹쉬… 윌리엄은 천재가 아닐까? · 212

EPILOGUE • 여전히 노력하는 중입니다 · 218

Merry Christmas

#001

저는 두 아이의 슈퍼맨 아빠입니다

어린 시절, 누구나 그렇듯 나도 슈퍼맨이 되고 싶었다.
하지만 대부분의 남자는 슈퍼맨 대신 아빠가 된다.
윌리엄을 만나게 된 순간, 나 또한 그랬다.
아빠는 슈퍼맨처럼 하늘을 나는 능력도,
투시력도, 엄청난 괴력도 필요 없었다.
그저 인내심과 이해심 두 가지면 충분했다.
난임과 유산으로 힘든 시간을 견뎌야 했기에
윌리엄을 만나기도 쉽지 않았다.
하지만 외아들로 자라 외로움을 잘 알았던 나는
윌리엄에게 형제를 만들어 주고 싶었다.
그렇게 벤틀리를 만났고 두 아이의 아빠가 되었다.

#002

동생은 형을 닮고
형은 아빠를 닮는다.
만약 자신의 과거가 궁금하다면?
타임머신을 타는 것보다
아빠가 되는 게 더 현실적일 것이다.

#003

처음은 언제나 서툴고 실수도 많다.

슈퍼맨도 나는 게 쉽지 않았을 것이다.

차이가 있다면?

슈퍼맨은 태어날 때부터 슈퍼맨이지만

아빠는 배우고 노력해야 한다는 것….

LAKERS
32

#004

방송을 통해 나도, 두 아들도

분에 넘치는 사랑을 받았다.

수많은 관심과 도움을 통해

육아에 대한 지식이 늘었고 나름의 노하우도 생겼다.

그래서 나는

아빠가 처음일 수밖에 없는

세상 모든 남자를 위해 이 책을 내기로 마음먹었다.

Sam Hammington 샘해밍턴

자존감을 높이는

사랑 쑥쑥 놀이

PART 01

월벤저스, 아빠가 많이 사랑해!

전지적 아빠 시점

우리들만의 비밀?

비상 비상! 엄마는 외출 중!
유미는 외출하고 나와 윌벤져스만 남았다.
다른 건 두렵지 않다. 그. 러. 나.
세상 어려운 두 아들의 밥 먹이기!
과연 잘 해낼 수 있을까?

아빠! 윌리엄 밥 먹기 시러.

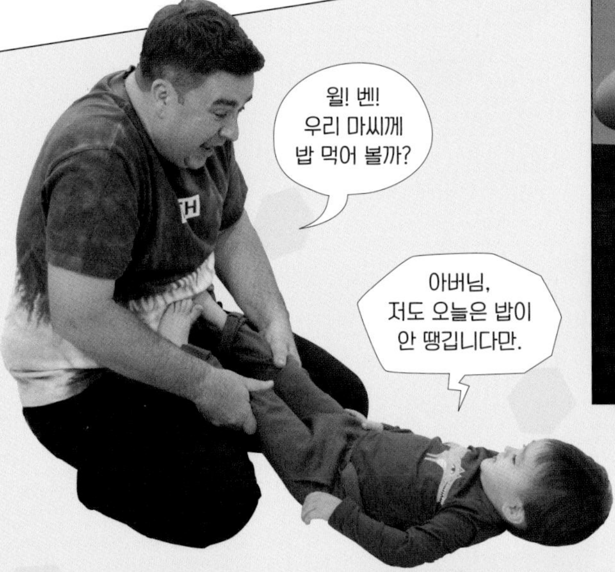
윌! 벤! 우리 마씨께 밥 먹어 볼까?
아버님, 저도 오늘은 밥이 안 땡깁니다만.

나 이모가 사 준 마카롱 먹을래. 마카롱 먼저 먹으면, 이따 밥 더 맛있게 먹을 수 있을 것 같으다.
세상 진지
협상의 귀재 윌리엄

어쩌지? 묘하게 설득력 있어! 유미는 밥 먹기 전엔 단것 먹이지 말라고 했는데!?

이번 한 번만이야!
그리고 마카롱 먹은 거
엄마한테는 절대
비밀!
벤토리는
하나만 더
먹을게요!
응, 알았어.
근데 엄마는
다 알 걸?

아빠도 너희들 나이 땐 엄마가 모든 걸 지켜보고 있는 줄 알았단다.
엄마가 세상의 전부이기도 했고….
하지만 이제부터 아빠와의 비밀을 더 만들도록 하자. 마카롱은 빙산의 일각이야!

엄마는 부재 중 # 협상의 달인 윌리엄 # 들키면 끝장
엄마는 명탐정 # 몰래 먹는 마카롱이 제일 맛있어
혼은 내가 난다. 너흰 맛있게만 먹어라 # 아빠가 더 많이 먹은 건 안 비밀

★ 쓰담쓰담 달콤 안마 ★

아이들이 갓난아기였을 때부터 많이 해 주었던 마사지 놀이이다. 벤틀리와 눈을 맞추며 팔과 다리를 부드럽게 어루만지고 주물러 주다 보면 더 깊은 사랑과 교감을 느끼곤 한다. 이렇게 마사지하며 대화하는 안마 시간은 우리 해밍턴's 부자의 애정 지수가 쑥쑥 올라가는 매우 따뜻하고 행복한 시간이다.

벤! 아빠가
쭉쭉이
안마해 줄게.
아버님!
다리 좀 팍팍
시원하게
주물러 주시죠!
취향 저격
컨디션 최상! 벤틀리

HOW TO PLAY

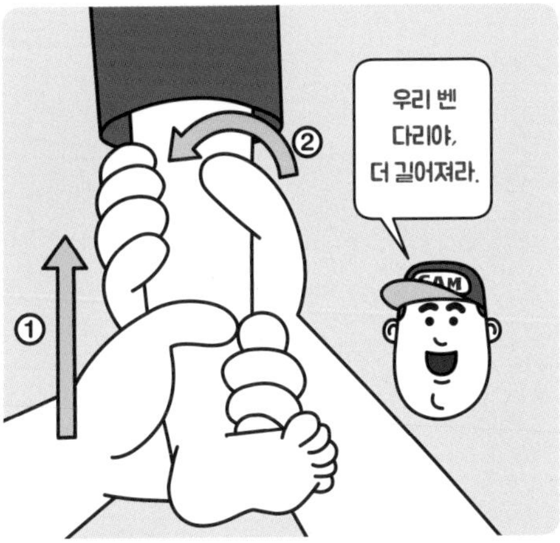
우리 벤
다리야,
더 길어져라.
①
②
SAM

1 **팔·다리**: 한 손으로 팔목(발목)을 잡고 아래에서 위로 쓸어 올린 후 살짝 비틀어 준다.

벤 배가
통통
응가가
나올까?
SAM

2 **배**: 배꼽을 중심으로 시계 방향으로 원을 그리며 부드럽게 쓰다듬는다.

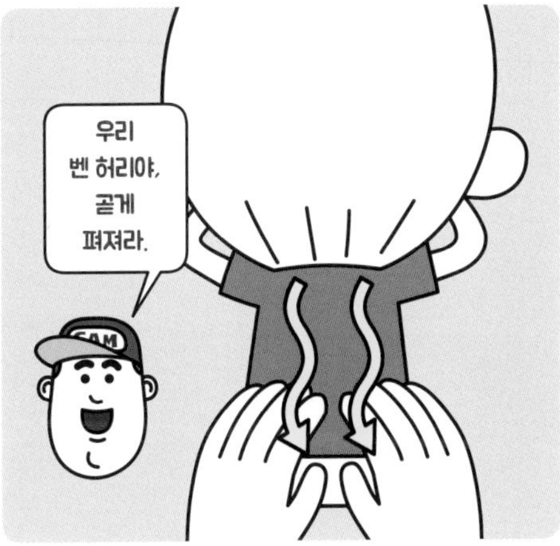
우리
벤 허리야,
곧게
펴져라.
SAM

3 **등**: 양손을 등에 올려놓고 엉덩이까지 물결치 듯 쓸어내린다.

변형 놀이
뿌우웅

배 방구

아이 배에 아빠 입을 대고 숨을 불어 넣어 방귀를 뿌웅~!

전문가 팁!

안마는 아이에게 안정감을 주고, 온몸의 근육과 신경을 자극하여 성장 발달은 물론 두뇌 발달에도 도움을 줍니다. 안마로 아이와 스킨십하며 대화하는 시간을 가지면 아빠와 아이의 관계가 더욱 돈독해질 수 있답니다.

★ 간질간질 발바닥 전화기 ★

발바닥을 전화기처럼 귀에 대고 말을 주고받는 놀이이다.
내 발은 좀 크긴 하지만… 어쨌거나 전화기와 발바닥은 모양새가 꼭 닮았다.
벤틀리의 발바닥을 내 귀에 대고 전화를 하다가 킁킁거리며 발 냄새도 맡아 본다.
그러면 벤틀리는 간지러워서인지 재미있어서인지 숨넘어갈 듯 웃는다.
오늘도 우리는 발바닥 전화기로 알콩달콩 수다를 나눈다.

따르르릉~ 벤,
전화 받으세요!
여보세요?
아빠! 벤 발바닥에서
냄새 나요?
발 냄새 감별사

HOW TO PLAY

뽀드득 뽀드득
깨끗이 씻자.
쏴아아아

1 놀이하기 전에 아빠와 아이 둘 다 발을 깨끗이 씻는다.

우리 벤이 뭐 하고 있는지
전화해 볼까?
따르르르릉
따르릉

2 전화번호를 누르듯 아이의 발바닥을 손가락으로 톡톡 눌러 통화한다.

엽떼요?
아빠,
지금 뭐 하고
있어요?

3 아빠 발바닥으로 전화할 때는 아이를 바닥에 기대어 눕힌 후 전화한다.

변형 놀이
끄~응

요가 전화기

두 손으로 각자의 한쪽 발을 잡고 들어 올려 전화할 수도 있어요.

전문가 팁!

아빠와 전화놀이를 하며 아이는 전화를 받는 방법과 전화 예절을 배울 수 있습니다. 또 말을 걸고 답하는 과정에서 아빠와 교감이 이루어지며 자연스럽게 언어를 발달시킬 수 있답니다.

★ 씅씅 아빠 비행기 ★

벤틀리가 좋아해서 요즘 진화 많이 하는 비행기 태우기 놀이이다.
벤틀리를 아랫다리 위에 올려놓고 두 손을 맞잡아 들어 올리면
나와 벤틀리의 즐거운 비행기 여행이 시작된다. "앗! 오른쪽으로! 왼쪽으로!"
비행기 놀이를 하는 동안 벤틀리도 나도 넘어지지 않으려고 열심히 균형을 잡는다.
아빠 비행기는 세상에서 가장 믿음직하고 재미있는 비행기이다.

으예에에~
날아간다!
벤끗
벤틀리, 아빠 믿지?
아빠가 꽉 잡아 주니까
무서울 것 없어!
여기가 비행기 맛집

HOW TO PLAY

아빠 비행기가
출발합니다.
도착지는 별나라입니다.
쪼아
쪼아

1 바닥에 누워 아이를 아랫다리 위에 올린 후 팔을 잡고 천천히 무릎을 구부려 올린다.

운석이다!
위험해!
피해!
슈우우우우웅

2 아이가 떨어지지 않게 균형을 잡으며 위아래, 좌우로 움직인다.

훌륭한 비행이었어.
벤틀리 조종사!
무사히 별나라에 도착했어!

3 움직임을 멈추고 아이를 배 위에 내려놓은 후 눈을 맞추며 안아 준다.

변형 놀이
이번엔
제트 비행기야!
벤 조종사 이번에도
잘 부탁해!
슈우우아

제트 비행기

아빠가 엎드린 아이를 품에 안고 날아가는 비행기예요.

전문가 팁! 아빠 비행기를 타는 동안 아이는 떨어지지 않게 자세를 잡으면서 균형 감각과 대근육이 발달합니다. 그뿐만 아니라 모험심과 함께 아빠와 눈을 맞추고 스킨십하며 친밀감을 키울 수 있습니다.

★ 위! 아래! 매직 스윙 ★

아이를 아빠의 가슴 높이에서 다리 사이로 내리며 흔들어 주는 놀이이다.
벤틀리를 살짝 들어 올린 후 잠시 멈추면 우리 사이에는 팽팽한 긴장감이 흐른다.
'바로 이때다!' 위아래로 흔들기 시작하면 벤틀리는 꺄악~! 소리를 지르면서 다리를 팔딱거린다.
더 높이! 더 빠르게! 점점 팔이 뻐근해져도 멈출 수가 없다.

슈웅 슈웅~ 그네가 올라갑니다.
압뻐아! 또오오!
아빠 허리 곧게 펴기
파닥
파닥

헬스장 안 부러운 홈 짐 # 제대로 육아 다이어트 중

⚠ 24개월 미만의 아기는 심하게 흔들면 위험하므로 절대 하지 마세요.

HOW TO PLAY

샘 매직 스윙~
GO!
너무 세게 흔들다가 아이를 놓치지 않도록 꼭! 주의하세요.

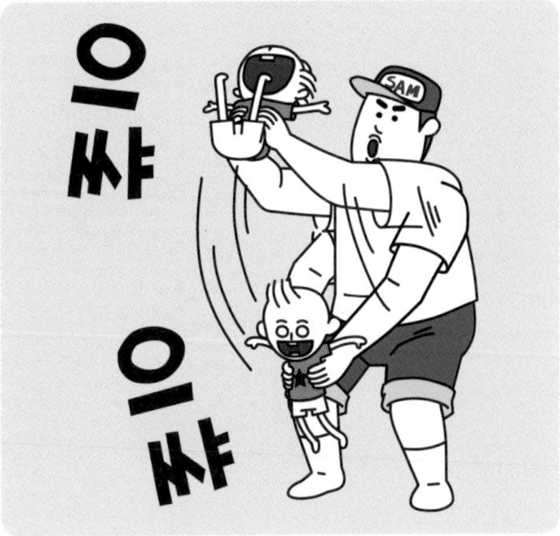
이쌰
이쌰

1 아이 뒤에서 양쪽 겨드랑이에 손을 넣어 아이의 가슴을 꽉 쥐듯이 안는다.

2 기마 자세를 하고 아이를 가슴 높이까지 들어 올렸다가 아빠의 다리 사이로 내리며 흔든다.

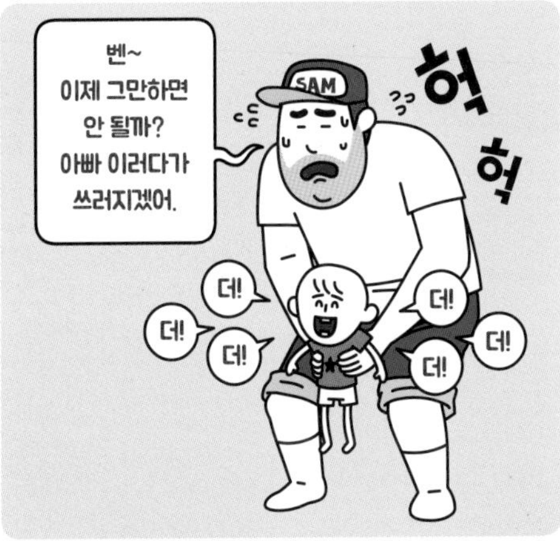
벤~ 이제 그만하면 안 될까? 아빠 이러다가 쓰러지겠어.
헉
헉
더!
더!
더!
더!
더!
더!

변형 놀이
부웅

3 아이의 반응에 따라 흔드는 세기와 속도를 조절해 가며 그네를 태운 후 아이를 바닥에 내려놓는다.

비닐봉지 그네

아이를 비닐봉지에 넣고 안아 올려 그네처럼 흔들어요.

전문가 팁!

아이를 그네 타듯 흔들어 주면 흔들림이나 회전을 느끼는 전정 감각이 자극되어 유쾌한 기분이 듭니다. 아이가 즐거워하니 아빠 또한 유쾌해지고 둘의 유대감도 커지겠죠? 아이의 집중력과 균형 감각 또한 키울 수 있습니다.

★ 거미가 줄을 타고 올라갑니다 ★

거미줄 노래를 부르며 손가락으로 아이의 몸을 오르락내리락하는 놀이이다. 특히 벤틀리가 기분이 좋지 않을 때 하면 효과 만점이다. 내가 손가락을 꼬물거리며 "♪거미가 줄을 타고 올라갑니다.♬" 하고 노래만 시작해도 벤틀리는 온몸을 배배 꼬며 꺄르르~! 웃기 시작한다. 언제 어디서든 할 수 있는 나만의 비장의 놀이이다.

벤 몸 위로
아빠 거미가 줄을 타고
올라갑니다. ♪
~~간질
꺄하하하
~~간질
전지현 뺨치는 머리숱 부자

HOW TO PLAY

The Itchy Bitchy Spider
Went up the water Spout

1 노래 리듬에 맞춰 손가락 거미를 움직이며 아이의 발부터 서서히 위쪽으로 올라간다.

여기는
배꼽 휴게소입니다.
거미는 올라갈까요?
내려갈까요?
UP!
UP!
파닥
파닥

2 손가락 거미가 아이의 배에 도착하면 올라갈지 내려갈지 묻는다.

꼭대기에 도착했습니다.
이제 내려갈까요?
O.K.
간질
간질

3 손가락 거미가 목에 도착했을 때도 다시 묻고 노래를 부르며 내려온다.

변형 놀이

갈비뼈 피아노 연주

아빠가 양손으로 아이의 갈비뼈를 간질이며 노래를 불러요.

전문가 팁!

아이와 함께 신나게 웃으면서 유대감을 키울 수 있는 놀이입니다. 아이는 놀이하는 내내 아빠의 손가락을 느끼며 촉감이 발달하고 손가락 거미의 움직임에 따라 온 신경을 집중하며 집중력도 키울 수 있답니다.

★ 아빠 껌딱지 ★

아이와 함께 신나게 춤을 추다가 "코랑 코!"를 외치면 코를 맞대는 놀이이다.
코뿐만 아니라 엉덩이, 팔꿈치, 손바닥 등 몸 부위를 다양하게 외치며 스티커처럼 붙었다 떼며 논다.
윌리엄이 특별히 좋아하는 곳은 엉덩이이다. "엉덩이랑 엉덩이!" 윌리엄이 엉덩이를 들이민다.
내가 살짝 피해 윌리엄이 엉덩방아를 찧었지만 그래도 재미있는지
씨익 웃으며 벌떡 일어나는 윌리엄이 귀엽기만 하다.

윌! 아빠랑
엉덩이 Kiss!
윌리엄 엉덩이랑
아빠 엉덩이랑
이렇게 Kiss!
엉덩이랑
엉덩이!
아빠랑
윌리엄이랑
꽁냥꽁냥

HOW TO PLAY

윌! 말하는 부분끼리
서로 붙이는 게임이야.
'코'랑 '코'

1 춤을 추다가 아빠가 서로 붙일 몸의 한 부분을 외친다.

윌! 5초 동안 떨어지면 안 돼!
하나, 둘, 셋….
꼬옥

2 아이는 아빠가 외친 몸의 부분에 자신의 몸을 붙이고 5초 동안 버틴다.

엉덩이
엉덩이
찰싹

3 다시 춤을 추다가 이번엔 아이가 몸의 한 부분을 외치고 아빠가 몸을 붙인다.

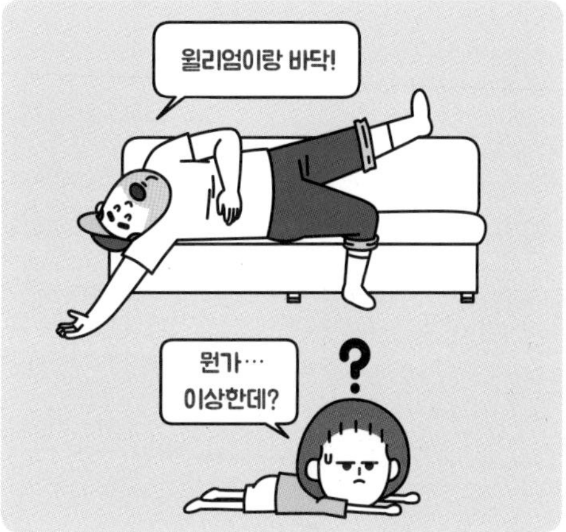
윌리엄이랑 바닥!
뭔가…
이상한데?

4 아빠가 피곤할 때는 가만히 누워서 아이가 물건이나 장소에 몸을 붙이도록 외친다.

전문가 팁! 아이는 놀이를 하며 신체 부위의 명칭을 자연스럽게 습득할 수 있습니다. 또 놀이하는 과정에서 얻은 아빠와의 기분 좋은 경험은 긍정적인 정서를 형성할 수 있게 합니다.

★ 장난감 뽑기 머신 ★

아빠와 아이가 뽑기 머신이 되어 장난감을 뽑는 놀이이다.
나는 뽑기 머신, 윌리엄은 뽑기 집게! '취이잉~ 덜컹! 취이잉~덜컹!' 윌리엄을 안고 움직이다 멈추면 윌리엄이 국자와 뒤집개로 장난감을 뽑는다. 떨어뜨리지 않고 바구니에 넣어야 성공!
"윌, 한 번에 성공해야 해! 안 그럼 아빠 허리가 고장 난다구!"
이 놀이는 아빠의 컨디션이 좋은 날 하는 걸로!

기계가 움직입니다.
윌리엄은 마음에 드는
장난감을 뽑아 보세요!
아빠, 나
잡는 것 봤나? 흑쉬?
에헹

HOW TO PLAY

윌! 이걸로
장난감을 잡아야 해!
응!

1 장난감을 바닥에 흩뜨려 놓고 아이의 양손에 국자와 뒤집개를 쥐어 준다.

갖고 싶은
장난감을
뽑아 봐!
윌, 할 수
있지?
Start

2 아빠가 아이를 안아 올린 후 기계음과 효과를 내며 장난감 쪽으로 움직인다.

위이이잉

3 아빠가 움직임을 멈추면 아이가 국자와 뒤집개로 장난감을 잡아 올린다.

바구니에 넣기 전에
떨어뜨리면 처음부터
다시 해야 해!
척

4 아빠가 바구니 쪽으로 아이를 옮기면 아이가 바구니 속에 장난감을 넣는다.

전문가 팁!

물건을 잡기 위해 집중하여 신체를 움직이면서 아이의 집중력과 신체 조절 능력이 발달합니다. 무엇보다 아빠와 호흡을 맞추는 놀이이기 때문에 유대감 형성은 물론 타인과 상호 작용하는 방법을 배울 수 있습니다.

★ 빙글빙글 물레방아 ★

아이가 아빠의 몸을 딛고 올라가 물레방아 돌듯 한 바퀴 빙글 도는 놀이이다.
처음 놀이를 시작할 때 윌리엄은 좀 무서웠는지 머뭇거렸다. 하지만 내가 누구인가?
"윌리엄! 아빠는 물레방아 돌리기 선수야. 아빠 믿지?"
그러자 윌리엄은 곧 내 몸을 꾹꾹 밟고 씩씩하게 올라가 한 바퀴 빙그르르! 신나게 내려온다.
도전 정신 Good! 역시 그 아빠에 그 아들 맞네!

윌! 아빠가
손 꽉 잡아 줄게.
걱정하지 말고 돌아!
응, 나 빙글빙글
돌아 볼게.
나 윌리엄에게
이 정도는 껌이지!

HOW TO PLAY

윌!
아빠의 엄지
손가락을
꽉 잡아!

천천히 아빠의
무릎, 배, 가슴을
밟고 올라와서
한 바퀴 도는 거야.
헙!
호이짜

1 마주 선 상태에서 아이는 아빠의 엄지손가락을 잡고, 아빠는 아이의 손목을 감싸 쥔다.

2 아빠는 아이가 아빠의 몸을 타고 올라갈 수 있도록 무릎을 살짝 굽힌다.

아이가 돌 때
팔의 간격이 좁으면
위험하니 간격을
살짝 벌리고,
아빠의 팔도
아이에 맞춰 조금
틀어 주세요.
휘릭

변형 놀이
대롱
대롱

3 아이가 아빠의 무릎, 배, 가슴을 순서대로 밟고 올라가 한 바퀴 빙글 돈다.

아빠 철봉

아빠가 서서 양손을 깍지 낀 채 머리에 올리면 아이가 아빠 팔에 매달려요.

전문가 팁!

아이가 두려움을 버리고 아빠에게 온몸을 맡기는 과정에서 아빠에 대한 강한 신뢰가 쌓입니다. 아빠의 몸을 타고 씩씩하게 한 바퀴 돌고 나면 아이의 자신감도 쑥쑥 자랍니다.

★ 으라차차 손바닥 씨름 ★

아빠와 아이가 마주 보고 서로의 손바닥을 밀어서 넘어뜨리는 놀이이다.
놀이 시작은 눈싸움이다. 나와 윌리엄은 서로의 눈을 뚫어져라 쳐다보면서 기회를 엿본다.
치열한 눈치 게임. 손바닥을 '훅' 밀어도 보고, 슬쩍 피해도 본다.
그러나 윌리엄의 슈퍼 파워에 나는 힘없이 '벌러덩' 넘어지며 어김없이 항복한다.
아이의 자신감도 기분도 'Up' 되는 신나는 놀이이다.

Wow~ 윌, 너 왜 이렇게 힘이 세? 뭐 먹었어?
이얍! 넘어져라! 윌리엄 슈퍼 파워!
발가락 끝까지 파워 Up!

HOW TO PLAY

윌! 손바닥으로
아빠를 힘껏 밀어.
알겠지?
O.K.

1 아빠와 아이가 마주 보고 선 후 아빠는 까치발로 쪼그려 앉는다.

끙~
이얍~

2 서로의 손바닥을 힘차게 밀어 상대의 중심을 무너뜨린다.

어이쿠
10번 중 8번은
져 주는 센스!
아시죠?
WIN

3 아이가 밀어서 아빠가 넘어질 때에는 오버액션하며 재미있는 상황을 연출한다.

변형 놀이
ROUND2
이번엔
안 봐
줄 거야!

엉덩이 씨름
서로의 엉덩이를 맞대고 힘껏 밀어내세요.

전문가 팁!
아빠와 마주 보며 손을 맞대고 놀이하면서 친밀감이 쌓입니다. 또 아이의 조절 능력과 몸의 균형 감각을 기를 수 있습니다. 아빠를 이기며 아이의 자신감이 올라가는 것은 덤이지요.

★ 탄생! 해밍턴's 미라 가족 ★

온몸에 두루마리 휴지를 칭칭 감고 미라가 되어 보는 놀이이다.
"아빠! 미라는 이집트에 있대." 미라 놀이를 위해서 신중하게 휴지를 감고 있는 내게
똑똑한 윌리엄이 가르쳐 준다. 귀에 안 들어온다. 벤틀리가 자꾸 움직이기 때문이다.
휴지를 다 감고 나니 진화 리얼해 보여 뿌듯하다. 우리의 미라 연기 또한 훌륭하다.
그렇게 해밍턴's 미라 가족이 탄생했다.

벤도 점점 미라가 되어 갑니다.
아버님! 왜 이러셔요.
으으으으 나는 미~~이~~라다.
쩔뚝
쩔뚝

HOW TO PLAY

아빠!
나도 미라
되고 싶어.
미라?!
아빠가
만들어 줄게.
우어어

1 두루마리 휴지 여러 개를 준비한다.

윌! 아빠가
휴지로
감아 줄게.
둘 둘 둘 둘

2 아빠와 아이가 번갈아 가며 서로의 몸을 휴지로 감는다.

우어어어~
으악!
진짜 리얼해!

3 미라처럼 팔다리를 뻣뻣하게 하고 걸으며 잡기 놀이를 한다.

감았던 휴지를 풀어 바닥에
펼쳐 볼까? 누구 몸을 감았던
휴지가 더 길까?
윌리엄
샘 아빠
윌리엄!

4 미라 놀이가 끝나면 서로의 몸을 감았던 휴지를 풀어 바닥에 펼쳐 놓고 길이를 비교한다.

전문가 팁!

가족이 함께 미라가 되어 놀이에 참여하면서 친밀감과 애착을 높일 수 있습니다. 또 휴지를 감고 푸는 과정에서 눈과 손의 협응력을 기르고, 휴지의 길이를 비교하면서 크기(길이) 개념도 이해할 수 있지요.

★ 폭신폭신 아빠 크림 ★

아빠의 면도 크림으로 그림을 그리는 놀이이다.
아빠는 왜 면도할 때 얼굴에 생크림을 바르느냐고 묻는 윌리엄에게 면도 크림을 만져 보게 했다.
멋지게 수염을 깎을 때 쓰는 것이라고 이야기했더니 이렇게 하면 더 멋지다며 그림을 그린다.
'음… 제2의 피카소가 되려나?' 뭘 그린 건지 이해하기 어렵지만
내 눈에는 윌리엄의 작품이 정말 멋져 보였다.

윌리엄 선생님! 손가락으로 살살 면도해 주세요.
아빠, 윌리엄이 멋지게 해 줄게.
까슬까슬
아빠 수염

HOW TO PLAY

아이 피부에 알레르기 반응이 없는지 살펴본 후 놀이하세요.
쿠우우우욱

1 아이 손에 면도 크림을 짜 주고 색깔, 촉감 등이 어떤지 물어본다.

아빠가 까슬까슬 수염을 없앨 때 쓰는 거야. 아빠 얼굴에 발라 볼까?
SAM
문질
문질

2 면도 크림의 용도를 설명하고, 아이가 아빠 얼굴에 바르게 한다.

SAM
쓱
쓱
윌! 손가락으로 아빠 면도해 줄래?

3 아이가 손가락으로 면도 크림을 쓸어 내거나 자유롭게 그림을 그린다.

변형 놀이
생일축하~ 합니다~
생일축하 합니다
SAM
헉! 다 썼네…? 내일 써야 하는데!

케이크 만들기

플라스틱 통을 뒤집은 후 면도 크림을 발라 멋진 케이크를 만들어 보세요.

전문가 팁! 아빠와의 스킨십을 통해 느끼는 애정은 자신을 사랑하는 원천이 되고 자존감을 키우는 힘이 됩니다. 또 손가락으로 면도 크림의 질감을 느끼고 그림을 그리는 과정에서 소근육을 발달시킬 수 있고 창의력도 키울 수 있습니다.

우리 아이 자존감을 지켜 주는 방법

여기에 낙서하면 진짜 곤란해!

얼마 전 방송 스케줄을 마치고 집에 들어왔을 때의 일이다. 평소와 달리 격하게 맞이하는 윌리엄. 불안감이 나를 엄습해 왔다. 윌리엄은 보여 줄 게 있다며 나의 손을 잡아 끌면서 자신의 방으로 안내했다.

'Oh my gosh!'

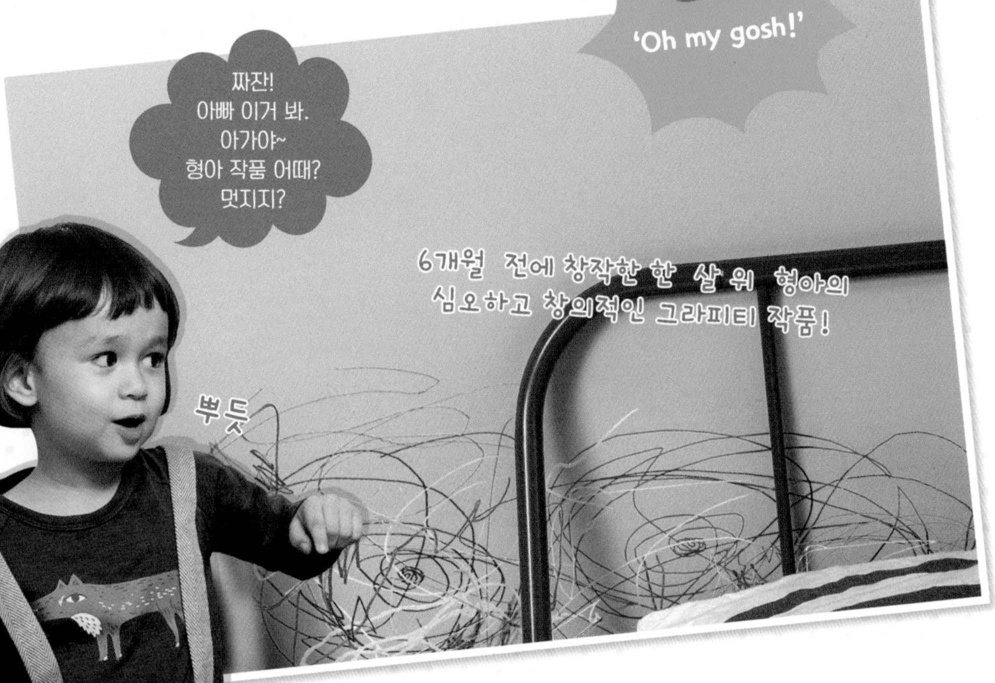
짜잔!
아빠 이거 봐.
아가야~
형아 작품 어때?
멋지지?
6개월 전에 창작한 한 살 위 형아의
심오하고 창의적인 그라피티 작품!
뿌듯
뿌듯

내 눈앞에 펼쳐진 것은 큼지막하게 벽에 그려진 낙서였다. 하필이면 잘 지워지지도 않는 매직으로…. "아빠! 이쪽에도 있어요. 여기 보세요!" 윌의 손가락이 가리키는 방향을 따라 시선을 쭉~ 돌렸더니 맙소사! 그동안 침대에 가려서 보이지 않았던 벽에도 낙서가 가득했다.

"윌! 너 왜 이렇게 한 거야?"

"그냥 하고 싶어서~ 아빠, 내 그림 멋지지?"

윌리엄은 자신의 낙서가 꽤나 만족스러운 것 같았다. 솔직하다 못해 자랑스럽게 이야기하는 윌리엄의 표정을 본 순간 나는 칭찬할 수도, 혼을 낼 수도 없었다. 어정쩡한 표정으로 웃을 수밖에…. 그러나 곧 상황을 그대로 알려 줘야 한다는 생각이 들었다. 아이의 생각과 행동을 존중하고, 용기를 북돋아 주는 것도 좋지만 문제점은 알아야 하니까.

외국에서는 부모가 자녀에게 어떤 상황을 이해시킬 때 '굿 캅 배드 캅(good cop, bad cop)'과 같은 역할 플레이를 활용한다. '굿 캅 배드 캅'이란 쉽게 말해서 '당근과 채찍'이다. 대부분 엄마가 '굿 캅'을 맡아 아이를 다독이고, 아빠는 '배드 캅'을 맡아 아이에게 올바른 행동을 단호하게 알려 준다. 나는 이 '굿 캅 배드 캅' 작전을 응용해 보기로 했다.

헐! 나도
하고 싶은데….
형아!
나도 부르지!

진심
당황
윌!
이거 다 혼자
한 거야?

"Wow, 윌! 정말 멋진 작품이야. 인정!
But 벽에 그림을 그리면 지울 수 없어서 곤란해!"

먼저 윌리엄이 그림을 그린 것은 아낌없이 칭찬해 주었다. 자신을 표현한 훌륭한 방법이니까. 그러고 나서 벽에 그림을 그리면 어떤 문제가 있는지 알려 줬다. 벽은 그림을 그리는 곳이 아니라고, 그래서 이것을 지우려면 가구를 다 옮기고 페인트칠을 새로 해야 한다고, 벽보다는 스케치북이 그림을 그리는 데 딱 좋은 도구라고. 어쨌거나 윌은 그날 이후로 벽에 낙서하지 않았다. 아직 더 해맑은 벤틀리가 남아 있긴 하지만….

아이들의 엉뚱한 행동은 늘 당황스럽다. 그럴 때마다 혼내거나 "안 돼."라는 말밖에 할 수 없는 것이 현실이다. 하지만 그런 패턴이 반복되면 아이의 자존감이 무너지지는 않을까? 잘한 것과 잘못한 것을 모두 설명해 주고, 스스로 생각하여 올바른 선택을 할 수 있게 기다려 준다면 자신을 믿고 존중하는 아이로 클 수 있지 않을까? 나는 오늘도 '굿 캅 배드 캅'을 실천 중이다.

예술 작품 제작 중인
정우성 씨(3세)
벤토리!
아빠가 그림 연습은
벽에 하면 안 된대.
여기에 하자.

샘 아빠도 궁금한 육아 지식 Q&A

Q 벽에 낙서를 하는 등 호기심으로 한 행동, 다 수용해 줘야 하나요?

A 아이의 호기심은 발달에 꼭 필요한 요소입니다. 따라서 아이가 호기심으로 한 행동을 야단치기보다는 수용하고 아이의 의도를 파악해야 합니다. 윌리엄은 자신이 방 벽에 낙서한 것이 잘못된 행동이라는 것을 알지 못했을 것입니다. 그저 벽에 무엇인가를 그리고 싶었고, 벽에 그림을 그리면 벽이 어떻게 되는지 궁금했을 뿐이죠. 그런 윌리엄에게 이 일을 계기로 도화지가 아닌 벽에 낙서하는 것이 잘못된 행동임을 알려 주세요. 낙서하면 지워지지 않기 때문이라는 비가역성의 개념도 쉽게 설명해 주고, 아이에게 도화지를 가져다주며 앞으로는 도화지에 마음껏 그림을 그리게 하세요. 또 벽의 낙서를 지우는 과정을 아이가 보게끔 하거나 참여시켜 자기 행동의 결과를 인식하게 해 주세요.

Q 자존감을 높이려면 실수를 해도 혼내지 말아야 할까요?
아이의 자존감을 높여 주려면 어떻게 해야 하나요?

A 자존감을 높이는 가장 좋은 방법은 칭찬입니다. 아이는 부모의 칭찬을 통해 자신이 현재 올바르게 행동하고 있고, 부모가 원하는 방향으로 나아가고 있으며, '좋은 사람'이라는 자기 인식을 키워 갑니다. 물론 아이의 잘못된 행동에 대해서는 야단쳐야 하죠. 그러나 야단보다는 칭찬의 빈도가 더 높아야 아이의 정서가 긍정적으로 확립되고, 자존감도 높일 수 있습니다. 만약 아이가 실수했다면 아이가 무슨 의도로 행동했는지 파악해 보세요. 아이가 부모를 돕기 위해 음식을 나르다가 음식을 바닥에 쏟았다면 결과는 나쁘지만 아이는 착한 의도로 한 행동입니다. 이때는 아이를 혼내지 말고 "괜찮아. 아빠를 도와주려고 했구나! 착한 우리 아들. 그런데 이것은 네게 어려우니까 아빠에게 맡겨 줘."라고 말하며 아이가 자존감을 유지할 수 있게 해 주세요.

ADVISER 소아청소년정신과 전문의 **손석한**

알아 두면 쓸데 있는 신박한 육아 비법 1

1

약 먹기 싫어하는 아이 약 먹이기 꿀팁!

음료수 병을 깨끗하게 씻고 그 안에 약을 넣어 주세요. 아이가 진짜 음료수인 줄 알고 빨리 달라고 조르더니 약을 단숨에 꿀꺽! 빨아들입니다. 약 먹이기 참 쉽죠?

2

신발 반대로 신는 아이 똑바로 신게 하는 꿀팁!

신발을 반대로 신으면 스텝이 꼬여 자꾸 넘어지죠. 이때 유성 펜으로 아이의 양쪽 신발에 각각 반쪽 스마일 모양을 그리거나 스티커를 반으로 잘라 붙여 주세요. 아이가 스마일 모양을 보고 신발을 바로 신는답니다.

3

두루마리 휴지로 장난치는 아이
절약하는 습관 만드는 꿀팁!

두루마리 휴지를 끊을 적절한 위치에 스티커를 붙여 주세요. 아이는 휴지를 그 위치에 맞게 끊는 행동을 놀이로 느낀답니다. 휴지를 낭비하지 않고 딱 끊어 쓰는 습관을 재미있게 들일 수 있겠죠?

4

좋아하는 컵만 찾는 아이
컵 한 번에 찾게 하는 꿀팁!

좋아하는 컵만 쓰려 하는 아이가 있다면, 컵에 자석을 붙여서 냉장고 문에 붙여 두세요. 컵을 잃어버릴 염려도 없고, 누구 컵인지도 바로 알 수 있죠!

몸이 튼튼해지는

신체 놀이

PART 02

극한 직업, 아빠의 수난 시대

전지적 아빠 시점

아빠는 놀이터

아빠는 너희들의 웃는 모습을 보려고
3단 변신 로봇이 되었다가
스케치북이 되고, 또 악당이 된단다.

3단 로봇
합체!
아빠는 3단 변신 로봇

아빠 얼굴은 스케치북

불타오르는
예술혼!
느낌 아니까~
붕어빵 부자!

안녕하세요?
털보
먹틀리입니다.

정의의
이름으로
널 용서하지
않겠다!
윽~ 아야!
살려 주세요!
왜
항상 나만
악당일까?
아버님,
그것은
루틴입니다.

아빠는 지금도 앞으로도 너희들의 가장 친한 친구란다.

아빠랜드 개장 # 무한 반복 개미지옥 # 2 VS 1 고독한 승부사 # 환상의 팀워크
지치지 않는 아이들 에너지 # 매일 영화같이 사는 남자 # 장르를 뛰어넘는 명품 악당 연기

★ 살랑살랑 리본 댄스 ★

막대에 리본을 묶어 음악에 맞춰 흔들거나 모양을 만드는 놀이이다.
언제 어디서든 음악이 흐르기만 하면 자동으로 댄싱 머신이 되는 윌벤저스!
치명적인 엉덩이 바운스로 리듬을 타다가 리본을 돌리면 멋진 댄스 배틀이 펼쳐진다.
"리본 막대로 모양을 그려 볼까? 동그라미! 세모! 네모!" 정신없이 그리다 보면
즐거움은 기본, 다이어트는 덤이다.

Wow! 윌! 벤!
너희 리본 돌리는 것
어디서 배운 거야?
아빠!
이렇게 리본 돌릴 수
있나? 훅쉬?
아버님, 이 정도는
기본입니다.
두 아들내미의
광란의
댄스 파티!

HOW TO PLAY

손잡이
부분에도
리본을
감아 주세요.

1 긴 막대의 한쪽 끝에 리본을 감고, 길게 늘여 리본 막대를 만든다.

벤, 이것 봐.
동그라미를 그리니까
꼭 회오리치는 것 같지?
살랑
살랑

2 아빠가 리본 막대로 동그라미를 그리거나 지그재그로 흔들며 리본의 움직임을 보여 준다.

벤! 리본을 돌리면서
춤추자.

3 아이가 좋아하는 음악을 틀고 리본 막대를 흔들며 춤춘다.

변형 놀이
와 아아아아아아
덩실
덩실

손수건 춤추기

스카프나 손수건을 양손에 들고 흔들며 춤춰요.

전문가 팁!

다양한 색깔과 질감의 리본은 아이가 마음껏 만지고 탐색하기 좋은 놀잇감입니다. 리본을 흔들거나 당기면서 활발한 신체 움직임을 유도해 주세요. 몸의 순환을 돕고 유연함을 키워 줍니다.

★ 고독한 승부사, 투우 ★

아이와 아빠가 소와 투우사가 되어 겨루는 놀이이다.
나는 빨간 천을 흔드는 투우사, 벤틀리는 성난 황소! 내가 벤틀리의 애착 이불을 흔들기 시작하면
벤틀리는 어김없이 손으로 황소 뿔을 만들며 달려온다. '올레~!' 느닷없이 시작된 추격전.
이불을 흔들며 이리저리 도망 다니는 나! 끝까지 쫓아오는 벤!
그렇게 우리 집은 투우경기장이 된다.

벤~! 드루와~
아버님, 남자는 직진입니다.
상남자의 직진법!

HOW TO PLAY

벤, 투우놀이 한 판 할까?
벤은 무서운 황소!
아빠는 투우사!
네~

1 아빠는 빨간 담요를 준비한 후 자세를 낮추고 두 손으로 담요를 잡는다.

자, 이쪽입니다!
음메!

2 아이는 검지로 황소 뿔을 만들어 머리에 대고, 소가 뒷발질하는 흉내를 낸다.

Wow!
벤, 진짜 황소
같은데?
우~

3 아빠가 천을 펄럭거리면 아이가 천을 향해 달려들고 아빠는 이리저리 천을 흔들며 피한다.

변형 놀이
우악!!!!!!
오늘 저녁은
오동통한
윌리엄이구나!
꺄~

이불 지옥

아이가 파리가 되어 날아들면 아빠는 파리지옥이 되어 이불로 잡아요.

전문가 팁!

아빠가 흔드는 천의 방향에 따라 빠르게 판단하여 행동하면서 집중력과 민첩성을 기를 수 있습니다. 또 성난 소가 되어 이리저리 뛰어다니면서 대근육도 발달하게 된답니다.

★ 얍! 신문지 격파 ★

손이나 발, 엉덩이 등으로 신문지를 쳐서 찢는 놀이이다.
신문지를 펼쳐서 내밀었더니 벤틀리는 손날로, 윌리엄은 날아차기로 격파한다.
이어지는 유미와 나의 환호성과 기립 박수 콜라보!
윌과 벤은 자기 힘이 센 줄 알고 어깨가 으쓱해지고, 나는 타이밍을 딱! 맞춰서
신문지를 팽팽하게 잡아당긴 것에 어깨가 으쓱해진다.

벤토리 파이팅!
다음은 형아 차례!
이야압!
쫘아아아악!
Wow~ 벤!! 손날,
당수로 격파한 거야?

HOW TO PLAY

신문지는 세로로 찢어야 잘 찢어져요.
벤, 신문지 가운데를 권투 선수처럼 주먹으로 힘껏 치는 거야!

1 아빠는 무릎을 꿇은 자세에서 신문지의 양 끝을 팽팽하게 잡아당긴다.

가즈아~!!
벤! 격파!
얍
찌이이익

2 아이는 팔을 힘껏 뻗어 주먹이나 손날로 신문지를 내리친다.

성공!!
벤, 멋진데! 부르스 리 같았어!
아뵤!

3 엉덩이로 밀기, 발로 차기 등 다양한 방법으로 신문지를 격파한다.

"할 수 있다!" 하고 소리 지르면서 하면 더 잘될 거야.
할뚜있따!

4 다양한 구호를 외치며 격파하고, 신문지를 1~3장까지 늘려 놀이한다.

전문가 팁! 신문지를 격파하면서 신체 조절 능력과 힘의 세기를 조절하는 능력을 키우게 됩니다. 아이가 격파할 때 실패하지 않도록 아빠가 몰래 잡아당겨 주세요. 아이가 종이를 격파하는 순간 짜릿한 기분을 느끼고 스트레스도 한 방에 해소할 수 있답니다.

★ 영차영차 수건 줄다리기 ★

수건을 마주 잡고 당겨서 승부를 겨루는 놀이이다.
내가 수건을 개고 있으면 어느새 벤틀리가 다가와 수건 끝을 당긴다.
"오호, 벤! 아빠랑 힘겨루기 한 판?" 벤틀리의 표정이 일그러지고 온 힘을 쏟아붓는 게
느껴지면 나는 못 이기는 척 끌려간다.
우리 먹틀리, 많이 먹고 쑥쑥 크더니 힘도 헐크처럼 세졌구나!

Oops~!
벤~ 너 힘이 진차
세구나!
으~~ 아버님! 아직,
시작도 안 했습니다.
벤 부 르 르

아빠는 눈치 게임 중 # 젖 먹던 힘까지 쥐어짜는 벤틀리

HOW TO PLAY

아빠랑 수건으로
줄다리기 할까?
쪼아
쪼아

1 아빠는 수건을 준비한 후 아이의 키에 맞추어 무릎을 꿇거나 쪼그려 앉는다.

시~작
'시작' 하면 수건을
자기 쪽으로
당기는 거야.
흐 읍~

2 아빠와 아이가 수건의 양 끝을 잡고 '시작'을 외치며 수건을 잡아당긴다.

아빠는 아이가 이길 수 있도록
힘을 조절하여 당겨 주세요.
어이쿠

3 아빠는 힘을 조절하며 수건을 잡아당겨 힘의 균형을 유지하다 아이가 이길 수 있도록 액션을 취한다.

변형 놀이
끙 차

스타킹 줄다리기
아빠와 아이가 스타킹의 양 끝을 잡고 허리에 두른 후 스타킹을 당기거나 풀어서 상대방을 넘어뜨려요.

전문가 팁! 아빠를 이기기 위해 당기는 힘의 원리를 알아야 하는 놀이입니다. 놀이를 통해 아이는 힘을 조절하는 능력과 균형 감각, 근력을 기를 수 있고, 아빠를 이기며 자신감도 쑥쑥 자랍니다.

★ 축구왕 슛돌이 ★

고무공을 발로 차서 빨래 바구니에 넣는 놀이이다.
오늘은 세탁기를 돌리는 날이다. 내가 "벤, 우리 축구할까?"라고 외치면
벤틀리가 공을 들고 '후다다닥' 달려온다. 그러면 빈 빨래 바구니로 골대를 만들고
축구 놀이가 시작된다. 처음에는 공을 잡아 줘야 차는 게 가능했지만 이제는 있는 힘껏 뻥!
아무래도 우리 벤틀리, 축구 선수를 시켜야 할까?

벤, 골~~인!
벤세이셔널 가즈아!
잇챠!
오~
필승 코리아!

HOW TO PLAY

벤, 이제부터
이 바구니가
축구 골대야.

1 고무공과 바구니를 준비한 후 바구니를 눕혀서 골대를 만든다.

공을 차서 바구…
아니 골대에
넣어 볼까?

2 아빠는 아이가 공을 찰 수 있도록 손으로 공을 잡아 주거나 살짝 차 준다.

Wow!
벤, 멋진
슛이었어!
슈~웃

3 아이가 공을 차는 것이 익숙해지면 공을 차서 바구니에 넣는 연습을 한다.

허이차

4 아빠와 아이가 번갈아 가면서 공을 차서 먼저 5점을 넣는 사람이 이긴다. 이때 아빠는 아이보다 뒤에서 공을 찬다.

전문가 팁!

공을 차서 골대에 넣는 놀이는 눈과 발의 협응력 발달에 도움을 줍니다. 또 아이가 한 발로 서서 공을 차면서 균형 감각을 키울 수 있고, 몸 전체를 움직이면서 대근육을 발달시킬 수 있습니다.

★ 발사! 개구리 폭탄 ★

침대나 소파 위에 아이를 살짝 던져 주는 놀이이다.
"개구리 폭타안~ 발사!"라고 하면 윌리엄과 벤틀리가 서로 하겠다고 달려든다.
그러다가 서로 부딪혀 울기 일쑤여서 유미는 반가워하지 않지만 나는 윌벤저스가 더 무거워지기 전에 많이 해 주고 싶다. 사실 이렇게 강렬한 놀이는 아이들의 에너지를 빨리 방전시켜 낮잠 재우기 안성맞춤이다.

윌리엄, 아유레디?
폭탄 발사!
플라이~ 윌~!
금세 방전된
샘 아빠
아빠! 벤트리는
방귀 폭탄도
'뽀옹' 나왔어요.
뽀오오옹~

HOW TO PLAY

먼저 침대나 소파에 위험한 것은 없는지,
충분히 푹신푹신한지 확인하세요.
꺄~꿋

1 침대나 소파 앞에서 던질 때 목과 허리가 꺾이지 않도록 아이를 양손으로 잘 받쳐 안는다.

벤 폭탄 발사!
지금부터
딱 5번만 던져 줄게.
푹
신

2 낮은 높이에서 아이가 엉덩이 쪽으로 떨어질 수 있게 던진다.

또! 또!
벤 폭딴
헉!

3 아이가 침대나 소파에 안전하게 착지했는지 확인한다.

변형 놀이
퍽

쿠션 폭탄 던지기

아이는 침대 위, 아빠는 침대 옆에서 서로에게 쿠션을 던져 맞혀요.

전문가 팁!

아이는 아빠를 믿고 몸을 맡기고, 아빠는 아이가 안정적으로 몸을 맡길 것이라는 믿음이 있어야 가능한 놀이입니다. 이렇게 점프하거나 뛰어내리는 놀이는 아이들의 성장점을 자극하는 데 도움을 줍니다.

샘 오취리 때문이야!

스마트폰에 집착하는 아이에 대처하는 방법

모든 일은 소속사 대표님 딸의 돌잔치에서 시작되었다. 오취리가 심심해하는 윌리엄에게 무심코 내민 스마트폰 화면에는 윌리엄이 좋아하는 장난감을 소개하는 유튜브 영상이 나오고 있었다. 그것이 윌에게 '집착'을 알려 준 신호탄이었다.

그날 이후로 윌리엄은 자기 전에도, 일어난 직후에도, 밥 먹을 때도, 응가하는 중에도 스마트폰을 찾았다. 심지어 광고 촬영장에서도 스태프들이 스마트폰으로 장난감 소개 영상을 보여 주면서 촬영을 진행해야 할 정도였으니까….

그러던 어느 날, 눈을 뜨자마자 어김없이 안방으로 침투해 스마트폰을 들고 자기 방으로 도주하는 윌리엄의 뒷모습을 목격했다.

"윌, 혹시 너 아빠 스마트폰 가지고 있니?"

"No! 아빠 스마트폰, 여기 없어요."

아빠 스마트폰
특히 여기에
절대! 없어요.
윌레 벌떡!
무슨 소리가 들리는데?
(벤틀리 레이더망에
딱 걸림!)

"윌! 아냐냐냐냐~ 스마트폰으로 유튜브 그만 봐. 당분간 돈 터치!"

"아니야! 나 줘. 장난감 볼 거야. 으아앙~"

더는 가만히 두고 볼 수 없던 나는 윌리엄이 숨긴 스마트폰을 찾아 영상을 멈추며 단호하게 말했다. 내 말이 끝나기 무섭게 윌리엄은 폭주 기관차처럼 울면서 흥분하기 시작했다. 윌의 두 팔을 꼭 잡았지만 윌리엄은 내 팔을 뿌리치고 더 발버둥 치며 소리를 질렀다.

나는 우는 윌리엄을 방으로 데리고 들어가 문을 걸어 잠그고 아이가 흥분을 가라앉힐 때까지 기다리기로 했다. 하지만 윌리엄의 분노는 쉽게 사그라지지 않았다. 30분 정도 지났을까? 완전히 녹초가 된 윌리엄에게 살며시 다가가 눈을 맞추며 조용히 이야기했다.

아빠, 아니야.
아빠 미워!
세상
억울

윌리엄
이제 그만!

"윌리엄, 뭐든지 지나치면 좋은 게 아니야.
스마트폰으로 유튜브를 보고 싶으면, 아빠랑 규칙을 정하자!"

나는 윌리엄에게 하루 종일 스마트폰만 볼 수는 없으니 규칙을 만들자고 했다. 윌리엄은 잠시 생각하더니 눈물을 닦으며 고개를 끄덕였다.

윌리엄과 내가 정한 규칙은 이랬다.
1. 스마트폰은 셀카 찍을 때만 사용하기
2. 유튜브 영상은 거실 소파에서 스마트폰 대신 화면이 큰 TV로 보기
3. 영상 보는 횟수와 시간은? 하루 2번 15분씩
4. 윌리엄이 보는 영상은? 아빠가 정해 준 영상

오취리,
너 때문이야!

흠…
그러라고 보여 준 건
아니었는데….

다행히도 윌리엄은 스마트폰 집착에서 벗어났고 나와 정한 규칙을 지키려고 노력하고 있다. 나도 윌리엄이 보면 좋을 숫자 놀이나 애니메이션 영상을 고르느라 때아닌 공부 중이다. 그런데 아무리 좋은 영상이라도 벌써부터 보여 주는 것이 괜찮은지는 역시 고민이다.

형아 모해?
벤토리~ 형아랑
사진 찍자.

샘 아빠도 궁금한 육아 지식 Q&A

Q 첨단 정보 시대에 살아갈 우리 아이들, 스마트폰을 일찍부터 보여 줘야 할까요?

A 정보 시대라 할지라도 두 돌 미만의 아이에게 스마트폰을 보여 주는 것은 득보다 실이 더 많습니다. 출생 후 24개월까지의 아이에게는 '안정 애착(secure attachment)' 형성이 가장 중요합니다. 안정 애착은 아이의 정서적 안정과 긍정적인 대인 관계의 기초가 되는 것으로, 1차 양육자인 아빠, 엄마와의 친밀하고 깊은 관계 맺음에서 비롯됩니다. 하지만 스마트폰의 시각적 자극에 몰입하는 아이는 아빠와 엄마의 질문이나 말소리에 별다른 관심을 기울이지 않습니다. 이렇게 부모와 상호 작용이 줄어들면 아이의 언어 발달과 사회성 발달에 부정적인 영향을 주고, 심한 경우 발달 장애 증상으로 이어지기도 하지요. 따라서 두 돌 미만의 아이에게는 스마트폰을 보여 주지 않는 것이 좋습니다.

Q 우리 아이의 스마트폰 집착, 어떻게 관리해야 할까요?

A 스마트폰에 집착하는 아이가 있다면 샘 아빠처럼 아이와 함께 스마트폰 사용 규칙을 만들어 적용해 보세요. 스마트폰 사용 시간은 하루를 오전, 오후로 나누어 만 3세 이하는 각 15분 이하, 만 3세 이상은 각 30분 이하로 제한해 주세요. 사용 장소는 가족 전체의 공간인 거실이 좋습니다. 이때 부모는 아이가 스마트폰 사용하는 것을 수시로 지켜보거나 가끔 말을 건네면서 아이가 스마트폰에 완전히 몰입하는 것을 방지하고 폭력적·선정적인 것을 보지 못하게 지도합니다. 적절한 보상 체계를 만들어 아이가 규칙을 잘 따르면 상을, 그렇지 못하면 불이익을 주는 것도 좋은 방법입니다. 그뿐만 아니라 부모도 아이 앞에서 스마트폰으로 인터넷이나 게임, 유튜브 시청 등을 하지 않도록 하고, 아이와 함께할 수 있는 다양한 활동을 찾아 함께하는 시간을 갖는 것이 좋습니다.

ADVISER 소아청소년정신과 전문의 **손석한**

★ 스트라이크! 페트병 볼링 ★

공을 굴려 앞쪽에 세워 둔 핀을 쓰러뜨리는 놀이이다.
깨끗한 지구 환경을 위해, 윌리엄과 함께 버리는 페트병에 물을 담아 볼링 핀을 만들었다.
윌리엄은 자기가 만든 장난감이라서 그런지 더 즐거워한다.
"윌리엄, 스트라이크~!" 아빠는 쓰러진 페트병 세우기 무한 반복이지만
윌벤저스가 행복하다면 그걸로 대만족!

Bingo!
윌, 스트라이크!
아빠! 나 쓰러뜨리는 거 봤나? 훅쉬?
아빠는 빨리 다시 세운다! 실시!

HOW TO PLAY

아이가 페트병 속에 담긴 물을 마시지 않도록 주의해 주세요.

1 고무공과 재활용 페트병 10개를 준비한 후 페트병에 물을 담고 물감을 푼다.

SAM
페트병을 세운 다음에 공으로 쓰러뜨리는 놀이야.

2 아빠와 아이가 페트병을 역삼각형 모양으로 세운 후 1m 정도 거리를 두고 선다.

SAM
와! 페트병이 와르르 모두 쓰러졌네!
STRIKE!!!

3 아빠와 아이가 번갈아 가며 공을 굴려 페트병을 쓰러뜨린다.

변형 놀이
형아 이겨라
형아 이겨라
데굴 데굴

인간 볼링

페트병을 세워 놓고 아이가 공이 되어 데굴데굴 옆으로 굴러가 페트병을 쓰러뜨려요.

전문가 팁!

공을 굴려 목표물을 쓰러뜨리는 놀이를 통해 아이는 집중력을 향상시키고 몸의 균형 감각과 대근육, 소근육을 동시에 발달시킬 수 있습니다. 그뿐만 아니라 페트병이 쓰러질 때의 쾌감과 만족감은 아이의 자신감 향상으로 이어진답니다.

★ 팡팡! 풍선 꼬리 터뜨리기 ★

몸에 풍선을 달고 상대방의 풍선을 터뜨리는 놀이이다.
윌리엄은 내가 다가가면 '꺄악~!'하고 소리를 질러 나를 정신없게 만든 다음 부리나케 도망간다.
그러다 어느새 다가와 내 풍선을 단번에 '빵' 터뜨려 버린다. 정말 순식간이다.
정신없는 내 앞에서 자기 풍선 꼬리를 살랑살랑 흔드는 것이
꼭 재빠르게 먹잇감을 채 간 고양이 같다.

샘 아빠 후덜덜~
어우야~ 스톱! 스톱! 아빠 풍선 터지는 것 너무 무서워. 한 번만 봐 줘.
아빠 꼬리는 뚱뚱해! 윌리엄이 날씬하게 해 줄게.
윌 다 다 닥

HOW TO PLAY

슈~욱

1 허리에 묶을 수 있는 긴 끈과 풍선을 준비한 후 아이와 함께 풍선을 분다.

윌리엄은 아빠 풍선을 터뜨리고, 아빠는 윌리엄 풍선을 터뜨리는 거야.
응!
SAM

2 아이 끈에는 작은 풍선을, 아빠 끈에는 큰 풍선을 매달고 각자의 허리에 끈을 묶는다.

아이가 풍선 터뜨리는 것을 무서워하면 상대방의 몸에 붙은 풍선을 빼앗는 놀이로 변경하세요.
호다닥

3 '시작' 소리와 함께 자신의 풍선은 지키고, 상대방의 풍선은 터뜨린다.

변형 놀이
헉!
벌써 윌리… 아니 아빠 풍선이 터진 거야?
빵

풍선 술래잡기

풍선을 리본 끈에 연결한 후, 술래의 발목에 묶어 두면 다른 사람이 발로 풍선을 터뜨려요.

전문가 팁!

풍선을 터뜨리는 놀이를 통해 아이는 공격성과 스트레스를 해소하고 자신감과 성취감을 키울 수 있습니다. 또 몸을 빠르게 움직이고 갑자기 방향을 전환하면서 민첩성과 신체 조절력을 키울 수 있답니다.

★ 슝슝! 풍선 배드민턴 ★

종이 접시로 만든 라켓으로 풍선을 쳐서 주고받는 놀이이다.
풍선을 살짝 띄워 주면 윌리엄이 와다다다! 달려와 강력한 스매싱을 날린다.
처음에는 나도 윌리엄도 헛스윙만 했지만 요령을 알고 나니 정확도 100%! 자신감도 100%!
나와 윌리엄의 찰떡 호흡에 오늘도 긴 랠리가 시작된다.

윌리엄! 아빠가 풍선을 나비처럼 살짝 띄워 줄게!
아빠! 윌리엄이 벌처럼 날아가서 '톡' 칠게!
My Ball!

HOW TO PLAY

이 종이 라켓이랑 풍선으로
'풍선 배드민턴'을 할 거야~
재미있겠지?

1 풍선을 불어 배드민턴 공을 만들고, 종이 접시에 아이스크림 막대를 붙여 라켓을 만든다.

통
통
라켓으로 풍선을
통통 쳐 볼까?
어때? 재미있지?

2 라켓으로 풍선을 살살 튕기며 풍선 치는 것을 연습한다.

윌, 풍선을 앞으로 세게 치면
멀리 날아가.
휘익

3 아빠가 풍선을 띄워 주면 아이가 라켓으로 내려치며 스매싱을 연습한다.

슈
웅
슈퍼 파워!
윌리엄 공을
받아랏!

4 라켓으로 풍선을 치는 것이 어느 정도 손에 익으면 아빠와 마주 보고 풍선을 주고받는다.

전문가 팁! 풍선을 치기 위해 팔을 뻗고 재빨리 몸을 움직이는 등 다양한 동작을 하며 대근육이 발달하고 민첩성이 길러집니다. 또 눈과 손, 다리 등을 동시에 이용하기 때문에 신체 협응력이 길러집니다.

★ 착착 붙어라! 거미줄 놀이 ★

거미줄처럼 연결한 테이프에 신문지 공을 던져 붙이는 놀이이다.
문틀에 거미줄을 만들고 거미 인형까지 붙였더니 진짜 리얼! 윌리엄은 "스파이더~ 맨!"을 외치며
흥분을 감추지 못한다. 과연 누가 더 많이 붙였을까? 결과는 윌리엄의 완승!
그러나 갑자기 윌리엄이 신문지 공으로 나를 맞히기 시작하면서 또 다른 놀이의 시작을 알린다.
이날 나는 신문지 공에 무지 맞았다.

스파이더 슉! 찌리릿~!
아빠! 내가 던져서
거미줄에 붙인 것 봤지?
아이 신나!
으샤라 으샤

HOW TO PLAY

윌! 신문지를 구겨서
공 모양으로 만들어 봐.
SAM
꾸깃
꾸깃
꾸깃
꾸깃

1 문틀에 거미줄 모양으로 테이프를 붙이고 신문지를 뭉쳐서 공을 만든다.

이 신문지 공을 던져서
거미줄에 붙이는 거야.
이렇게!
휙
!

2 아빠가 먼저 거미줄에 공을 던지는 모습을 보여준다.

Wow!
명중이야~!
휙

3 아이가 테이프 거미줄에 신문지 공을 던져 붙인다.

변형 놀이
5점
10점
휙

신문지 다트

점수를 쓴 훌라후프에 테이프를 붙이고, 신문지 공을 던져 높은 점수에 붙여요.

전문가 팁! 신문지 공을 던지며 팔과 다리의 대근육을 발달시킬 수 있습니다. 또 원하는 곳에 신문지를 붙이기 위해 집중하면서 집중력과 손목의 힘을 조절하는 능력을 키울 수 있답니다.

★ 미션! 임파서블 ★

테이프로 만든 장애물을 피해 탈출하는 놀이이다.
윌리엄은 이 놀이를 할 때마다 자신이 영화 〈미션 임파서블〉의 주인공이 된 것처럼
동작을 만들며 온 신경을 집중한다. "♪ 빰빰빠밤~ 빰빰빠밤…… 빠라밤~ 빠라밤~ ♬"
테이프 때문에 엄마의 잔소리가 걱정되지만, 요상한 자세로 애쓰는 윌리엄의 귀여운 모습에
나는 오늘도 테이프 장애물을 정성껏 붙인다.

윌, 서둘러! 1분밖에 안 남았어! 거기로 가면 몸이 닿을 것 같아.
아빠, 나만 믿어!
스파이더 맨처럼 샤샤샥

HOW TO PLAY

찌-익

1 아이의 키와 몸집을 생각하며 집 안 한곳에 종이 테이프를 붙여 장애물을 만든다.

윌, 할 수 있지? 레이저를
피해서 탈출해!

2 아이가 테이프가 몸에 닿지 않게 주의하며 장애물을 통과한다. 이때 영화 〈미션 임파서블〉 BGM을 틀면 더욱 스릴 있게 느껴진다.

Oh! 윌…. 테이프 선이
끊어졌어. 처음부터 다시야!

3 아이가 통과하다가 테이프가 끊어지거나 닿으면 처음부터 다시 시작한다.

변형 놀이
쏙

바구니 속 물건 찾기

장난감을 담은 바구니의 윗부분을 털실로 복잡하게 엮어 놓으면 아이가 털실을 피해 장난감을 꺼내요.

전문가 팁!

장애물을 피해 허리를 굽히거나 넘어가면서 눈앞에 보이는 상황에 따라 적절하게 몸을 써야 하는 방법을 알게 되는 놀이입니다. 아이는 놀이를 하며 상황 판단 능력과 민첩성을 기를 수 있습니다.

★ 쉐킷 쉐킷! 온몸 흔들기 ★

몸을 흔들어서 허리에 두른 상자 속의 탁구공을 꺼내는 놀이이다.
이 놀이에는 〈고스트 버스터즈〉 주제 음악이 딱이지! 엉덩이를 최대한 흔들어 볼까?
하지만 역시 윌리엄을 이길 수 없다. 음악에 맞춰 몸을 흔들기 시작하자 탁구공이 사방으로
튀어나오기 시작한다. 윌리엄도 탁! 탁! 탁구공도 탁! 탁!
정말 저절로 뱃살 다이어트가 될 것 같다.

윌! 쉐킷 쉐킷!
흔들어!
흔들 흔들!
오예!
씰룩
씰룩

HOW TO PLAY

상자 속의 탁구공이 튀어나올 수 있도록 탁구공을 너무 꽉 채우지 마세요.

1 빈 휴지 상자 옆면에 칼집을 내어 허리끈을 끼운 후 탁구공을 30개씩 넣는다.

허리에 두른 상자 속의 공이 밖으로 나오게 1분 동안 몸을 흔드는 거야.
자신 있어!

2 아빠와 아이의 허리에 탁구공이 담긴 상자를 두르고 끈을 묶는다.

시~작
SAM
흔들
흔들

3 타이머를 누르며 시작을 외치면 1분 동안 몸을 흔들어 상자 속 공을 뺀다.

아빠도 나처럼 잘 흔들어 봐~!
Wow, 윌리엄 승!
엄지척

4 상자에 남은 공의 개수가 적은 사람이 이긴다.

전문가 팁!

몸을 흔들고 뛰면서 팔, 다리, 어깨, 무릎 등 모든 신체 부위가 자극되고 혈액 순환도 좋아집니다. 또 에너지를 마음껏 분출하면서 스트레스가 해소된답니다.

★ 레슬링 무브! 거북이 탈출 ★

레슬링을 하는 것처럼 아이가 아빠 품에서 탈출하는 놀이이다.
윌리엄을 품에 안고 살짝 누르고 있다가 힘에 밀리는 척 놀라운 연기를 펼쳐 보였다.
역시 나의 연기력은 '10점 만점에 10점!' 윌리엄이 탈출하며 "내가 아빠를 이겼다. 만세!"를 외쳤다.
하루가 다르게 커 가는 윌리엄, 언젠가는 정말로 나를 이기겠지?

울트라 파워 누르기! 윌, 그만 항복하시지?
No No~! 윌리엄은 쪼끔 간지럽기만 한데?

HOW TO PLAY

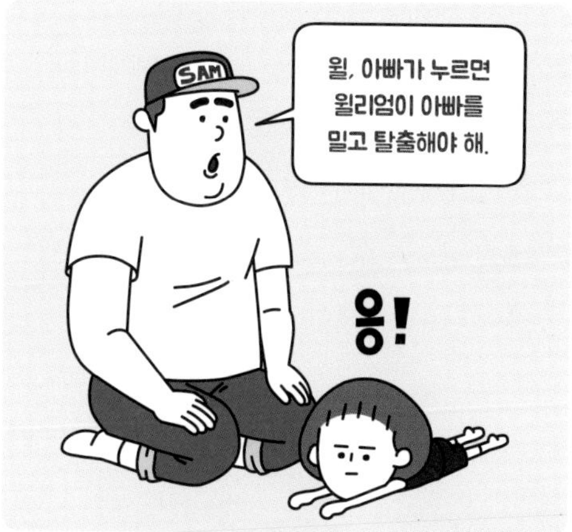
윌, 아빠가 누르면
윌리엄이 아빠를
밀고 탈출해야 해.
SAM
응!

1 주변에 위험한 물건이 없는지 확인하고, 아이가 먼저 바닥에 엎드리게 한다.

팔에 힘을 주고 버텨 너무 힘껏 아이를
누르지 않도록 주의하세요.
움찔
이제 시작한다~
SAM

2 아빠는 아이 위로 엇갈려 올라타되, 아이가 많이 눌리지 않도록 주의한다.

오잉~ 벌써 빠져나왔어?
윌은 탈출의 명수구나!
시~작
SAM

3 아빠가 아이를 누르고 '시작'을 외치면 아이가 아빠를 밀어내고 탈출한다.

변형 놀이
그렇다면 2단계!
아빠 감옥이다!
어디~~ 이것도
빠져나와
보시지?
꼬옥

아빠 감옥 탈출

아빠가 앉아서 1~2분 동안 아이를 꼭 껴안아 가두면 아이가 아빠의 팔을 밀고 탈출해요.

전문가 팁!

아빠의 품에서 탈출하려고 힘을 쓰면서 지구력과 근력을 키울 수 있습니다. 또 탈출에 성공하면서 자신감과 성취감을 얻게 된답니다.

★ 뽁뽁이 주먹왕 ★

에어캡으로 만든 글러브를 주먹에 끼고 상대편을 쳐서 승부를 겨루는 권투 놀이이다.
하나씩 터뜨려도 재미있는 에어캡으로 권투 글러브를 만들면 '토도독' 터지는 소리가 경쾌하다.
"윌, 글러브를 끼고 놀이할 때만 사람을 때릴 수 있어!" 그러나 곧 사정없이 들어오는 윌리엄의
원투 펀치! 윌리엄도 알까? 아빠도 한때 '원 펀치 쓰리 강냉이' 핵 주먹이었다는 것을.
결국 오늘도 난 윌리엄에게 'KO' 패를 당했다.

윌! 얼굴이 아니라
몸을 치는 거야!
아빠 아파!
쉭! 쉭! 아빠,
이건 입에서 나는
소리가 아니야!
아빠 드루와~
드루와~!
나름 얼굴이 생명인 연예인!

HOW TO PLAY

아빠랑 권투 놀이 할까? 이걸로 글러브를 만들자.
SAM
이게 모야?

1 주먹 쥔 손에 뽁뽁이를 여러 번 감은 후 손목 부분을 테이프로 감아 글러브를 만든다.

휙
SAM
윌, 아빠가 권투 동작 알려 줄게. 손을 쭉! 그렇지!
휙

2 아빠가 레프트, 라이트, 어퍼컷, 스트레이트 등 권투의 기본 동작을 재미있게 알려 준다.

윌, 있는 힘껏 치는 거야. 너의 주먹맛을 보여 줘!
슉
슉

3 아빠는 베개 샌드백을 들고, 아이는 샌드백을 치며 권투 동작을 연습한다.

되도록 머리는 때리지 않고, 아이에게 맞아 주면서 아이가 이기게 해 주세요.
SAM
퍽

4 권투 동작이 익숙해지면 아빠가 아이의 키에 맞춰 몸을 낮춘 채 권투 경기를 한다.

전문가 팁! 손으로 상대를 치거나 피하면서 민첩성과 근력이 발달하고, 권투의 동작과 규칙을 이해하며 인지력이 발달합니다. 또 스트레스 해소 효과와 함께 아이의 자신감을 키워 줍니다.

★ 달려라! 봉다리 스케이터 ★

비닐봉지를 양쪽 발에 신고 스케이트 경주를 하는 놀이이다.
비닐봉지를 신은 발로 미끄러지듯이 나아가면 우리 집은 어느새 아이스 링크가 된다.
윌리엄은 에어컨과 선풍기를 켜고 달려야 제맛이라며 하루 종일 선풍기와 에어컨을 켜 놓고
바람을 가르며 스케이트를 탄다. 아들아! 아빠 체력도 체력이지만
아빠는 전기세 폭탄이 걱정된다구!

헉
윌리엄,
딱! 한 바퀴만 더
도는 거야~~
헉
데헷~!
스케이트는 이 맛에
타는 거지~
윌다다닥

HOW TO PLAY

테이프 안쪽이
아이스 링크야.
?
SAM

1 거실에 종이 테이프를 붙여 아이스 링크 공간을 만든다.

비닐봉지 스케이트야.
이걸 신으면 잘
미끄러지니까 조심해야 해.
미끌
미끌

2 아빠와 아이가 양쪽 발에 비닐봉지를 신고, 발목 부분을 테이프로 감는다.

미끄러질 수
있으니까
천천히~
천천히~
조심
조심
조심
SAM

3 아빠의 손을 잡고, 발을 살살 밀며 스케이트 타는 연습을 한다.

윌리엄,
거기 서!
쌩~

4 '시작'을 외치면 출발하고, 5바퀴를 돌아 먼저 들어온 사람이 이긴다.

전문가 팁!
미끄러운 바닥에서 균형을 잡고 달리면서 균형 감각과 민첩성을 키울 수 있습니다.
또 넘어지지 않으려고 온몸을 움직이면서 신체 조절 능력을 기를 수 있답니다.

★ 익스트림 카우보이 로데오 ★

아빠의 등에 올라타서 떨어지지 않고 버티는 놀이이다.
내가 엎드려서 성난 황소 흉내를 내면 윌리엄과 벤틀리가 서로 등에 타려고 난리가 난다.
처음엔 천천히, 나중엔 마구 흔들어 댄다. 윌리엄은 이제 제법 잘 버텨 웬만해선 떨어지지도 않는다.
놀이하다 보면 찾아오는 어깨 결림, 허리 통증은 아빠의 숙명!
너희만 재미있다면 아빠는 괜찮아!

이랴! 이랴~
아빠 달료~
단단히 각오하는 게
좋을 걸!
푸르르 픕픕

HOW TO PLAY

아이가 맨바닥에 떨어지면 위험하니 반드시
매트나 이불을 여러 장 깔고 놀이하세요.
SAM

1 아빠는 엎드리고, 아이는 아빠 등에 올라탄다.

자 아빠 소가 움직입니다.
1단계입니다.
흔들
흔들
SAM

2 아빠가 타이머를 누른 후 팔, 다리, 엉덩이 등의 높낮이를 조절하며 조금씩 몸을 움직인다.

이제 강도가 세집니다.
꽉 잡으세요.
휙
휙
SAM

3 아빠가 갑자기 몸을 일으키거나 점차 세게 몸을 좌우로 흔들고 빙글빙글 돈다.

윌, 너 12초 버텼어. 대단해~
로데오 선수가 될 수 있겠어!
헉
헉
SAM
WIN!

4 아이가 떨어질 듯하면 아빠 몸을 완전히 기울여서 떨어뜨리고, 버틴 시간을 확인한다.

전문가 팁!

움직이는 아빠의 등 위에서 중심을 잡고 떨어지지 않으려고 온몸에 힘을 주면서 근력과 균형 감각, 지구력을 키울 수 있습니다. 또 떨어지지 않으려 재빨리 자세를 바꾸면서 민첩성도 발달된답니다.

★ 집중력 UP! 미니 골프 ★

우유 팩으로 만든 골프채로 공을 쳐서 홀 컵 안에 넣는 놀이이다.
긴 막대로 작은 공을 쳐서 목표 지점에 보내는 건 보통 어려운 일이 아니다.
윌리엄에게 시범을 보이기 위해 몇 번 시도했지만 나도 번번이 실패했다.
그러자 윌리엄이 "아빠, 나를 잘 봐!" 하며 내 흉내를 내더니 단번에 홀인원을 하는 것이 아닌가?!
Wow! 우리 윌리엄은 골프 천재일까?

Wow!
윌, 어디서 공 좀
쳐 봤는데?
윌리엄!
나이스 샷~
오예~ 왼손은
거들 뿐이지!

HOW TO PLAY

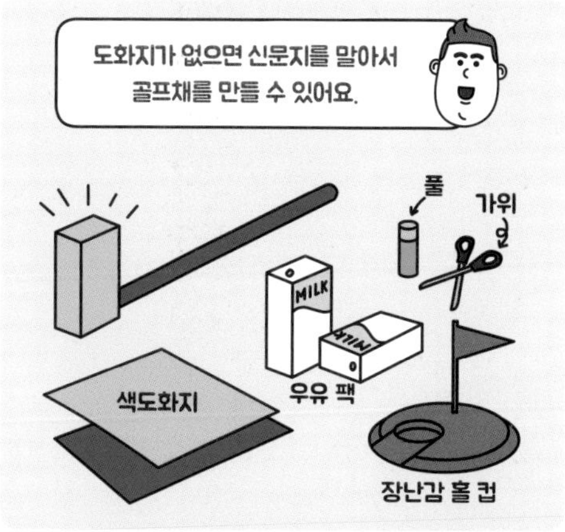
도화지가 없으면 신문지를 말아서
골프채를 만들 수 있어요.
풀
가위
MILK
색도화지
우유 팩
장난감 홀 컵

1 도화지를 말아 막대를 만들고, 우유 팩을 막대에 수직으로 붙인다.

공을 잘 보고! 무릎을
약간 굽히는 거야.
팔은 이렇게~
SAM
이렇게?

2 골프채를 휘둘러 골프공 맞추는 연습을 한다.

WOW!
SAM
홀… 홀인원이야!
윌리엄~ 축하해~!

3 홀 컵을 놓고 어느 정도 떨어진 거리에서 골프채로 공을 쳐서 많이 넣는 사람이 이긴다.

변형 놀이
삐질 삐질
SAM
씽~

막대로 공 굴리기

골프채로 공을 굴려서 반환점을 돌아 빨리 들어오세요.

전문가 팁!

긴 막대로 공을 쳐서 작은 홀 안에 넣는 과정을 통해 집중력이 좋아지고 눈과 손의 협응력이 발달합니다. 또 반복된 동작으로 성공할 수 있는 효율적인 방법을 찾게 되면서 인지 능력을 키울 수 있답니다.

★ 온몸으로 컬러터치 트위스터 ★

주사위를 던져 나온 색을 정해진 손과 발로 짚어야 하는 스릴 만점의 놀이이다. 주사위를 던져 나오는 대로 색을 터치하다 보면 윌리엄도 나도 온몸이 꼬일 대로 꼬여 몸 개그를 하게 된다. '웁스!' 윌리엄이 손 위치를 바꾸자마자 내 몸이 흔들리기 시작한다. "윌! 아빠 넘어진다~!" 결국 둘 다 바닥에 뒹굴었지만 터져 나오는 웃음을 참을 수 없었다.

윌….
아빠는 이제
틀린 것 같아.
끄응
나 주사위 던져야 해.
아빠 좀 무거우다.

HOW TO PLAY

아이가 팔이나 다리를 뻗어 닿을 수 있는 거리를 생각하여 만드세요.
SAM

1 전지 크기의 종이에 빨강, 파랑, 노랑, 초록 색종이를 일정한 간격으로 붙인다.

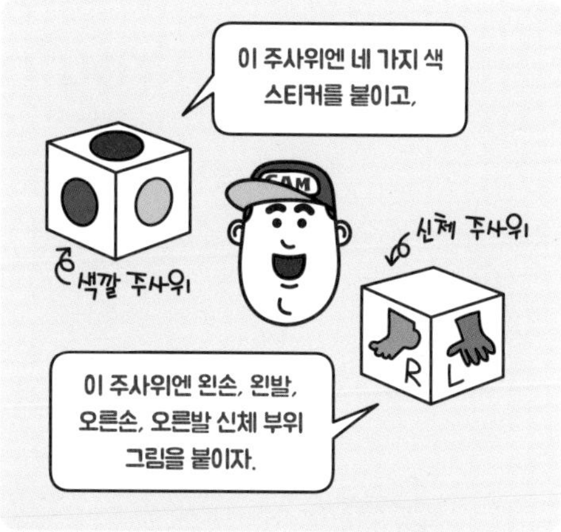
이 주사위엔 네 가지 색 스티커를 붙이고,
색깔 주사위
SAM
신체 주사위
R
L
이 주사위엔 왼손, 왼발, 오른손, 오른발 신체 부위 그림을 붙이자.

2 나무 블록 2개를 준비하여 색깔 주사위와 신체 주사위를 만든다.

부들
오른손, 빨간색! 으윽~~
SAM
부들

3 아빠와 아이가 번갈아 가며 주사위 2개를 동시에 던져 나온 결과에 따라 색을 짚는다.

우당탕

4 손, 발이 아닌 다른 곳이 바닥에 닿거나 더 움직일 수 없으면 탈락! 끝까지 버틴 사람이 이긴다.

전문가 팁! 색을 짚기 위해 온몸을 늘이며 균형 감각을 키우는 놀이입니다. 놀이하는 동안 팔과 다리, 허리를 쭉쭉 펴게 되면서 스트레칭 효과가 있지요. 또 유연성과 근력을 키우는 데 도움이 됩니다.

우리 아이 독립심을 길러 주는 방법

You can do it!

지난 여름 어느 날, 아이들과 마트에서 빵을 사 오는 길이었다. 우리 집 먹대장 벤틀리가 초코 빵을 맛보더니 흥분한 상태로 뛰어가다 그만 넘어졌다. 정작 아빠인 나는 가만히 있는데 그 모습을 지켜본 아주머니 세 분이 동시에 달려왔다.

"No No 괜찮아요. 벤은 스스로 일어날 수 있어요."

"벤, 혼자 일어날 수 있쥐? 너 다치지 않았잖아."

나는 그분들이 민망하지 않도록 정중하게 괜찮다고 말하고 벤틀리 곁으로 다가가서 스스로 일어날 때까지 기다렸다. 벤틀리는 10초 정도 엎드려 있다가 아무 일도 없었다는 듯 일어나 초코 빵을 입에 넣었다.

나 먹틀리!
먹을 것 앞에선
절대 울지 않지!
초코 빵은
구했습니다.
벤머쓱
벤머쓱
이 와중에도
손에 꼭 쥔 빵

아이들이 '못'하는 것과 '안' 하는 것은 엄연히 다르다. 수영, 킥보드 등 새로운 놀이나 처음 먹어 보는 음식, 처음 가는 장소 등에 두려움을 갖기보다는 직접 도전해 봐야 얼마나 재미있는지, 맛있는지 알 수 있다. 그리고 아이 스스로 할 수 있는 일이라고 판단될 경우에는 '방법'을 알려 주어야 한다고 생각한다.

윌리엄이 기저귀를 졸업할 무렵, 첫 팬티에 도전할 때도 마찬가지였다. 힘은 벤틀리에게 밀리지만 형으로서의 위엄을 자랑하고 싶은 윌의 마음을 알아챈 내가 먼저 미끼를 던졌고, 윌은 기다렸다는 듯이 그 미끼를 덥석 물었다.

"윌! 기저귀는 벤틀리 같은 아가들이나 입는 거야. 형아는 팬티 입는 거야!"

윌리엄은 내 말을 듣자마자 팬티를 입겠다고 선언했다.

아가야,
형아도 기저귀 차고 뒹굴던 엉덩이 묵직했던
애송이 시절이 있었단다.
후후, 아가야,
형아는 이제 기저귀
졸업한단다.
ooo
기저귀
인생 선배
모야!
(= 뭐라는 거야?)

나는 윌리엄과 함께 인터넷으로 윌리엄의 팬티 디자인을 고르고 주문했다. 며칠 후 주문한 팬티가 도착했다. 팬티를 처음 입는 윌리엄은 나에게 입혀 달라며 머뭇거렸다. 나는 윌리엄에게 팬티 입는 방법을 알려 주었다.

"윌리엄은 형아니까 팬티는 스스로 입을 줄 알아야겠지? 두 다리를 넣고, 배꼽까지 올린 다음 엉덩이 위로 올려."

윌리엄은 가르쳐 준 대로 혼자서 몇 번 팬티를 입어 보더니 하루 만에 기저귀를 떼고 진정한 팬티맨으로 거듭났다. 아직도 가끔은 팬티에 실수하긴 하지만….

새로운 것에 도전해 보고 혼자 할 수 있는 일이 점점 늘어나는 윌리엄을 보면 나도 모르게 입가에 미소가 번진다. 그만큼 자신감과 독립심이 자란 것일 테니까.

동네 사람들! 윌리엄 이제 팬티 입어요!
벤은 아직 기저귀 입으는 사람이야!
SWAG

샘 아빠도 궁금한 육아 지식 Q&A

Q 무엇이든 두려워하고 쉽게 포기하는 아이, 부모가 계속 도와줘야 할까요?

A 부모는 두려움에 쉽게 포기하는 아이가 계속 도전할 수 있도록 따뜻한 격려의 도움을 주어야 합니다. "다시 한 번 해 봐.", "넌 네 살이라 잘하지 못해도 되니까 용기를 내 봐." 등 부모의 따뜻한 말이 도움이 되어 아이는 새로운 것에 도전할 수 있는 힘을 얻습니다. 하지만 부모가 아이의 일을 대신 해 주거나 아이의 행동을 기다리지 않은 채 마무리 지어 주는 식의 도움은 바람직하지 않습니다. 못하는 것을 성공할 때까지 강요하는 부모의 행동도 금물입니다. 따라서 샘 아빠가 아이들이 스스로 행동하게끔 기다려 주는 육아 태도는 매우 바람직하다고 할 수 있습니다. "이번에 안 되면 다음에 다시 해 보자."라는 태도를 유지하여 아이가 한 번에 안 되면 포기해 버리는 습관을 갖지 않도록 도와주세요.

Q 아이의 독립심과 도전 정신을 길러 주려면 어떻게 해야 할까요?

A 결과보다는 과정의 중요함을 강조하면서 아이에게 실패를 미리 걱정하지 말고, 실패해도 괜찮으니 안심하라는 메시지를 주세요. 만약 아이가 중간에 포기하더라도 "그래도 노력했네. 잘했어." 라고 말하며 거기까지 노력한 것에 대해 인정해 주고, "다음엔 조금만 더 해 보자!"라고 발전을 위한 당부의 말을 하면서 점진적으로 강도를 높이는 것이 좋습니다. 또 아이에게 부모가 아이의 독립적인 행동과 도전적인 정신을 바라고 있음을 일깨워 주는 것도 필요합니다. "네가 먼저 스스로 해 봐."라고 하며 아이가 부모를 찾기 전에 스스로 시도해 본 후 부모에게 도움을 요청하게 합니다. 그뿐만 아니라 〈슈퍼맨이 돌아왔다〉에서 샘 아빠가 벤틀리의 걷기 연습을 위해 과자를 이용했던 것처럼 아이가 새로운 것에 도전할 때 흥미를 느낄 보상을 제시하는 것도 좋습니다.

ADVISER 소아청소년정신과 전문의 **손석한**

공감과 배려가 자라는

사회성 놀이

PART 03

형제의 싸움, 아빠는 솔로몬

전지적 아빠 시점

벤틀리는 억울해!

섬세하고 부드러운 형 윌리엄!
활발하고 추진력 넘치는 동생 벤틀리!
형제이지만 너무 다른 너희들.
너희 둘이 힘을 합치면 무적일 텐데,
그런데 왜 자꾸 싸우는 거니?

아가 너 넘무해!
형아꺼 건들지
마라고 했자나!
흐어어어어억!

윌리엄이 아빠에게
선물하려고 만든
아빠 얼굴

벤은 형아
도와주려고 한 거야!
형아가 너무해!
세상 서럽

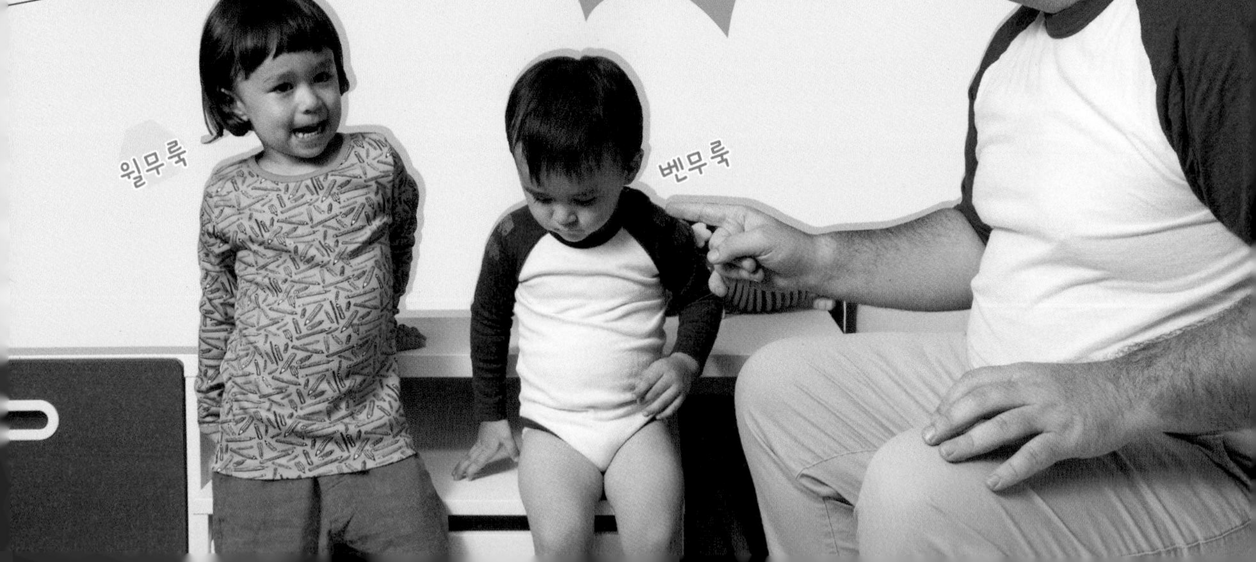
같은 팀끼리는
싸우는 거 아니야!
둘 다 다른 집에 보내 줄까?
윌! 너 동생 없어도 돼?
벤! 넌 형 없어도 돼?
윌무룩
벤무룩

그래도 함께 있으니까 든든하지?
응~ 아가야! 형아가 더 많이 양보할게.
혀어엉~ 그럼 이제 형아꺼 먹어도 돼?

살다 보면 다투는 일도 억울한 일도 많겠지.
그럴 때마다 서로에게 힘이 되어 주렴.

형제의 난 # 동생이 너무해 # 싸움의 기술 # 브로맨스
사과하는 방법 # 승자와 패자 # 솔로몬 아빠 # 형제간에 우애를 길러 가는 중입니다.

★ 빵빵! 박스 자동차 ★

박스 자동차에 아이를 태우고 드라이브하는 놀이이다.
아기 고양이처럼 서랍이나 상자에 들어가는 것을 좋아하는 벤틀리.
그런 벤틀리를 위해 박스로 뚝딱뚝딱 자동차를 만들었다. "자, 벤 운전기사님 출발요!"
시골길을 달리느라 차가 흔들려도, 신호등에 갑자기 차가 멈추어도
벤과 나의 신나는 드라이브는 멈출 줄을 모른다.

벤, 달려 볼까?
Go Go Go!
아버님, 파란불입니다.
가시죠!
부릉부릉
빵빵

HOW TO PLAY

벤! 아빠랑 박스로 자동차를 만들어 볼까?
B

1 빈 박스로 자동차를 만들고, 종이 접시로 바퀴와 핸들을 만든다.

벤틀리 빠방이가 출발합니다.
부우
우웅
B

2 아이는 박스 안에 타고 아빠는 박스를 안아 자동차가 이동하는 것처럼 움직인다.

빨강 신호등입니다. 잠깐 멈추세요. 서두르지 말고 천천히
STOP
B

3 주의해야 할 신호등, 차, 사람 등 도로의 상황을 이야기해 주며 움직인다.

변형 놀이
칙
칙
폭
폭

박스 기차

밑부분을 뚫은 박스 속에 들어가 양손으로 박스를 잡고 기차처럼 줄지어 집 안 곳곳을 다녀요.

전문가 팁!

자동차 운전 놀이로 공간 감각과 방향 감각을 키울 수 있습니다. 또 아빠와 대화하면서 상상력이 자라고 세상의 규칙을 알아 가며 사회와 타인에 대한 이해력을 높일 수 있습니다.

★ 꼭꼭 숨어라! 숨바꼭질 ★

술래가 집 안 곳곳에 숨어 있는 사람을 찾는 놀이이다.
우리의 하루는 숨바꼭질의 연속이다. 놀다가도, 간식을 먹다가도, 응가를 하다가도 시작된다.
특히 유의할 점은 윌벤저스가 어디에 숨었는지 한눈에 보여도 모르는 척하고 찾아야 한다는 것이다.
자기가 안 보이면 술래도 안 보이는 줄 아는 귀여운 벤틀리. 아빠가 메소드 연기로
너의 순수함을 지켜 줄게. 근데 아빠도 한 번쯤은 숨으면 안 될까?

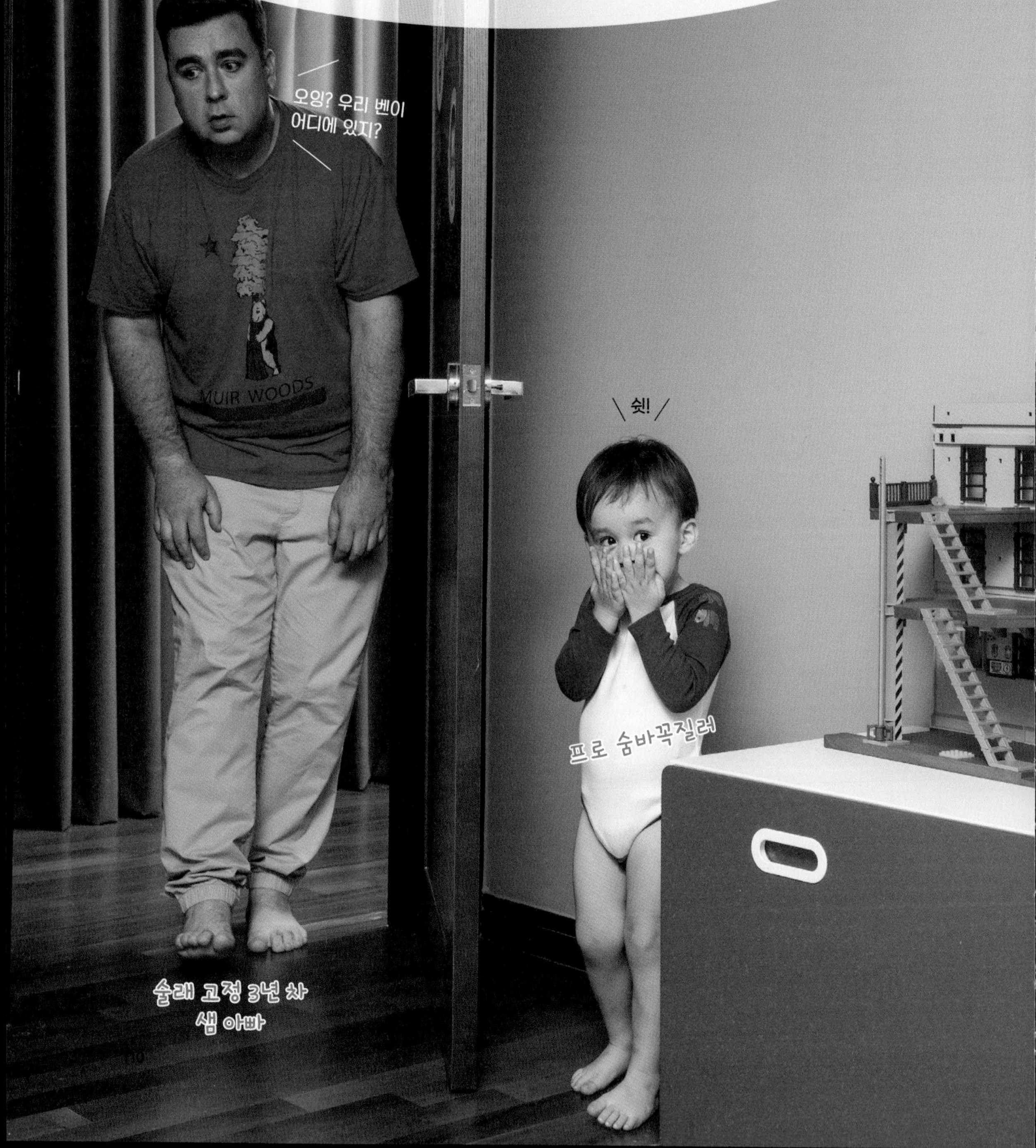
오잉? 우리 벤이
어디에 있지?
쉿!
프로 숨바꼭질러
술래 고정 3년 차
샘 아빠

HOW TO PLAY

1
2
3
4
5
6
다다다다

1 아빠가 술래가 되어 1부터 10까지 큰 소리로 숫자를 세고 아이는 숨는다.

우리 벤틀리 어디 있니? … 냉장고에 있나? 없네!

2 큰 소리로 "어디 있니?"를 외치며 숨어 있는 아이를 찾아다닌다.

스윽
우리 벤 여기 있나? … 앗! 찾았다!

3 아이를 찾으면 "여기 있네, 찾았다!"라고 외치며 아이를 꼭 안아 준다.

아빠, 이제 벤토리가 찾을게요!

4 아이가 술래를 할 때는 아빠를 쉽게 찾을 수 있도록 몸 일부가 보이게 숨는다.

전문가 팁!

아이는 숨을 장소를 찾으며 관찰 능력과 공간 지각 능력을 키우고 방향 감각도 기릅니다. 특히 여러 사람과 같이 놀이를 하게 되면 함께 숨을 곳을 찾고 이야기를 나누며 협동심과 양보하는 법을 배운답니다.

★ 우르르 책 도미노 ★

책을 일정한 간격으로 세워 놓은 후 차례로 쓰러지게 만드는 놀이이다.
요즘 벤틀리는 쌓고 부수는 재미에 푹 빠졌다. 그래서 야심차게 준비한 책 도미노!
벤틀리와 책을 세워 길쭉한 기차를 만든다. 하지만 다 완성하기도 전에 가차 없이 무너뜨리는 벤틀리.
한껏 신난 벤틀리가 "아빠 또!"를 외친다.
그래 벤, 우리 책과 함께 스트레스도 와르르 날려 버리자구!

벤! 조금만 더 세운
다음에 차면 안 될까?
응, 안 돼! 차는 맛에
세우는 거예요.
샘 아빠는
오늘도 책 세우기
개미지옥 당첨!
MUIR WOODS

HOW TO PLAY

벤, 아빠랑 책을
기차처럼 길게 세워서
도미노를 만들어 볼까?

1 그림책 20권을 준비하고 어떤 모양으로 만들지 의견을 나눈다.

책을 세우다가 하나가 넘어지면 전체를
망칠 수 있으므로 중간중간을 비워 두세요.
조심
조심

2 일정한 간격으로 그림책을 세워서 원하는 모양의 도미노를 만든다.

벤! 발로 책을
뻥 차 볼… 그렇지!
벌써 찼네?
잘했어!
우르르
뻥

3 도미노를 다 만들면 아이가 발이나 손으로 한쪽 끝을 쓰러뜨린다.

변형 놀이
크앙!
우왕~ 벤틀리
잡아먹겠다!
꺄아~

아슬아슬 징검다리

쓰러진 책을 여기저기 놓아 징검다리 길을 만들고, 책만 밟으며 잡기 놀이를 해요.

전문가 팁!

책이 넘어지지 않게 세우면서 균형 감각과 집중력을 높일 수 있습니다. 또 하나가 넘어지면 연달아 넘어지는 도미노의 원리를 이해할 수 있으며, 함께 만드는 과정에서 협력하는 마음을 배울 수 있답니다.

★ 성큼성큼 손수레 걷기 ★

아이가 손수레가 되어 두 손으로 바닥을 짚으며 걷는 놀이이다.
지금은 익숙해져서 쉽고 재미있게 하지만 처음에는 만만치 않았다.
내가 윌리엄과 벤틀리의 다리를 너무 높게 잡아도 넘어지고, 아이들이 너무 서둘러 나아가도
넘어졌다. 아이와 서로 호흡을 맞추어 기다려 주고 잡아 주는 것.
그것이 아이를 위해 진정 아빠가 해야 할 일 아닐까?

하나! 둘!
하나! 둘!
벤 서두르지 말고 천천히~ Go~Go
엣지 있는 팔 각도

연령: 4~6세　아빠 체력: 60%

HOW TO PLAY

아빠가 윌리엄
다리를 들면
손바닥으로
움직이는 거야.
SAM
웅!

1 아이가 가슴 옆쪽을 손바닥으로 짚고 바닥에 엎드린다.

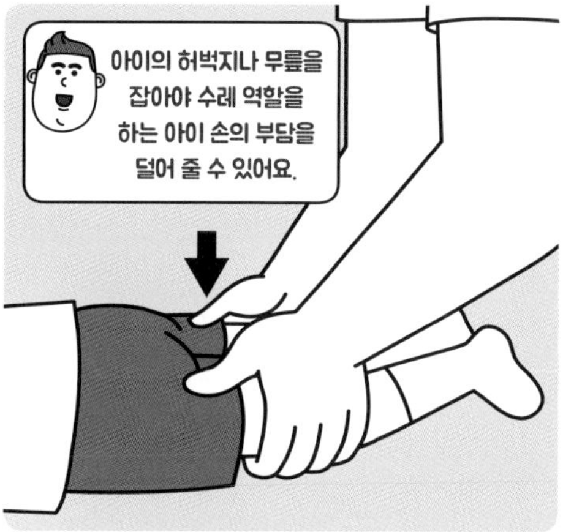
아이의 허벅지나 무릎을
잡아야 수레 역할을
하는 아이 손의 부담을
덜어 줄 수 있어요.

2 아빠는 아이의 다리를 잡고 아이의 몸과 땅이 평행이 되는 높이로 들어 올린다.

자, 윌 수레가
앞으로 갑니다.
SAM
저벅
저벅

3 아이가 한 손 한 손 땅을 짚고 움직이면 아빠도 아이의 속도에 맞추어 움직인다.

변형 놀이
윌리엄 수레
너무 잘한다!
SAM
척

색종이 뒤집기

두 손으로 걸어 다니면서 바닥 여기저기 뿌려 놓은 양면 색종이를 뒤집어요.

전문가 팁!

수레 역할을 하는 사람과 잡는 역할을 하는 사람이 서로 호흡을 맞추어 몸을 움직이는 놀이입니다. 이 놀이를 통해 아이는 전신 균형을 잡으며 신체 조절 능력이 발달하고, 아빠와의 교감을 통해 안정적인 정서를 형성할 수 있습니다.

★ 쌓고 또 쌓고, 그림책 탑 ★

그림책을 이용해서 탑을 쌓는 놀이이다.
중요한 것은 책을 쌓는 각도와 균형, 그리고 집중력이다. 윌리엄과 나는 한 권 한 권 숨을 멈추고 3층까지 쌓아 올린다. 순간! 갑자기 난입한 벤틀리. 혹시나 탑을 무너뜨려서 윌리엄과 싸움이 날까 조마조마했지만 기특하게도 은근슬쩍 다가와 형을 도와준다. 역시 윌벤 형제!
마침내 탑 완성! Gorgeous!

윌, 아냐냐냐~
조심조심~ 넘어지면
처음부터 다시 쌓아야 해.
응, 알겠어.
근데 아빠
손 좀 떨지 마~!
MUIR WOODS

HOW TO PLAY

윌, 그림책을
블록처럼 쌓아서
엄청 큰 탑을 만들자!
SAM
?

1 그림책 20권을 준비하고 어떤 모양으로 몇 층의 탑을 쌓을지 의견을 나눈다.

아이가 쌓는 것을 힘들어하면
한두 개만 쌓고 아빠가 다 만든 후
아이는 부수는 것만 해도 좋아요.

2 책을 펼쳐 벌어진 부분이 아래, 책 등이 위로 가도록 세운 후 그 위에 다른 책을 덮는다.

조심, 조심 마지막
하나야! 제발~
조심해서 천천히~
조심

3 2와 같은 방법으로 위로 올라갈수록 책 수를 줄이면서 피라미드 모양으로 탑을 쌓는다.

와르르르르

4 탑을 다 쌓으면 한 층 한 층 세어 본 후, 손으로 격파하여 탑을 무너뜨린다.

전문가 팁!

아빠와 힘을 합쳐 탑을 만들면서 협동심과 집중력을 키울 수 있습니다. 또 완성한 탑과 함께 사진도 찍어 주세요. 아이는 자신의 사진을 보며 성취감을 느끼고 자존감을 높일 수 있답니다.

★ 긴급 출동! 인형 구조대 ★

미로를 통과해 갇혀 있는 인형을 구출하는 놀이이다.
"친구들을 구하러 출동!"을 외치면 윌리엄에게 순간 묘한 긴장감이 흐른다.
윌리엄은 바로 출발하지 않고 빠르게 눈으로 미로를 스캔한다. 그리곤 빛의 속도로
미로를 빠져나가 인형 친구들을 구한다. "Wow~ 역쉬! 우리 윌리엄 대단해!"
윌, 나중에 아빠가 구조를 요청해도 빨리 와 줄 거지?

오우~ 윌리엄! 친구들을 모두 구해 낸 거야?
MUIR WOODS
어디선가 누군가에 무슨 일이 생기면~ 윌리엄이가 출동한다.
자신감 뿜뿜

HOW TO PLAY

처음에는 미로를 쉽게 그리고 아이와 놀이를 진행하면서 선을 추가해 주세요.
SAM

1 전지 크기의 종이나 놀이 매트 등에 테이프를 붙여 미로를 만든다.

SAM
윌, 화살표로 들어가서 인형 친구를 구해 줘!
윌리엄이 간다!

2 출발과 도착 부분에 표시를 하고, 미로 탈출구에 테이프로 장난감을 붙여 놓는다.

어느 쪽일까?
왼쪽일까?
오른쪽! 일까?
두리번
두리번

3 아빠는 '출발'을 외치며 시간을 재고, 아이는 미로를 빠져나가 인형을 구한다.

변형 놀이
공룡아!
조금만 기다료!
폴
짝

장애물 미로 탈출

길을 더 추가한 후 길 중간중간 장애물을 설치하여 아이가 장애물을 통과하면서 미로를 탈출해요.

전문가 팁! 길을 찾아 걸어가며 상황 판단 능력, 균형 감각을 키울 수 있고 공간 지각 능력도 키울 수 있습니다. 무엇보다 인형을 구조하는 과정에서 다른 사람을 도와주고 배려하는 마음을 키울 수 있습니다.

★ 알쏭달쏭 표정 읽기 ★

상대방의 표정을 따라 하며 어떤 표정인지 알아맞히는 놀이이다.
이 놀이를 하려면 나도 한껏 섬세해져야 한다. 윌리엄의 찌푸린 표정을 따라 하며
"화난 표정!"이라고 외쳤지만 거침없이 '땡!'이다. 이건 공룡을 만나서 당황한 표정이란다!
윌리엄, 아빠가 이번엔 알아맞히지 못했지만 앞으로는 너의 마음을 잘 알아맞히고
행복한 표정만 짓게 해 줄게. 약속!

후비적 후비적
심심한 표정이야. 심심해서 코 파고 있어.
신나는 동굴 탐험!
윌! 이건 무슨 표정이야?
후비적
후비적
그럼 이건 어때?
벤틀리의 쌍 콧구멍 후비기 신공

HOW TO PLAY

아이가 표정이 기분을 나타낸다는 것을
이해할 수 있도록 놀이할 때 아빠의
표정을 풍부하게 해 주세요.
SAM
무슨 표정일까?

1 아빠가 먼저 기쁨, 슬픔 등이 느껴지는 표정을 짓는다.

아… 그래,
그것도 일리가 있네.
맛있는 거
발견했을 때!
SAM

2 아이가 아빠의 표정을 따라 한 후 어떤 표정인지 맞힌다.

뭐지?
아파? 슬퍼? 배고파? 혼났어?
울고 싶어? 기분이 안 좋아?
맛없어? 배 아파? 응가? 뭐지
뭘까?
SAM
땡!

3 아이가 표정을 지으면 아빠가 아이 표정을 따라 한 후 어떤 표정인지 맞힌다.

윌, 언제 기쁜 감정이 들었니?
윌은 어떤 감정이 제일 좋아?
부비
부비

4 놀이가 끝나면 아이를 꼭 안아 주며 아이가 사랑받는 존재임을 이야기해 준다.

전문가 팁!

마음 읽기 놀이를 통해 타인의 정서를 이해하는 공감 능력을 키울 수 있습니다. 또 감정과 관련한 상황을 아빠와 이야기하고 공감하면서 친밀감과 함께 소통 능력을 키울 수 있답니다.

★ 오싹오싹 좀비 술래잡기 ★

앞을 못 보는 좀비가 되어 도망치는 사람을 잡는 놀이이다.
언제나 그렇듯 처음에는 내가 좀비가 되어 아이들을 찾는다. 그러면 아이들은 나를 피해 도망치고 숨다가도 이내 살금살금 다가와 나를 콕 찌르고 도망가기 일쑤.
'좀 더 좀비에 빙의해 볼까?' "쿠하앙~!" 꼼짝없이 잡힌 윌리엄을 '앙' 물어 본다.
이제는 윌리엄도 좀비! 귀여운 '윌 좀비'의 탄생이다.

윌! 벤! 어디 있니?
아빠가 '앙' 물 거야!
쿠하앙~
크헙
벤틀리, 기다료!
형아가 구해 줄게!
?
아빠 뭐해요?
어디 아파요?

HOW TO PLAY

눈을 가리면 아무것도 안 보이지? 이럴 땐 귀로 소리를 들어서 어디에 뭐가 있는지 찾아봐!

1 안대로 아이의 눈을 가린 후 소리와 몸의 감각을 느껴 보도록 한다.

윌, 벤! 거실에서만 도망 다녀야 해. 다른 데로 가면 반칙이야~
우어어어

2 놀이 공간을 정한 후, 좀비(술래)가 안대로 눈을 가리고 1부터 10까지 센다.

으~ 나는 아빠 좀비다.
다다다다다
짝
짝

3 좀비(술래)는 양손으로 더듬어 가며 사람을 찾고, 사람은 손뼉을 치며 도망 다닌다.

우어억
크앙

4 좀비가 사람을 잡으면 그 사람도 좀비가 되고, 모두 좀비가 되면 놀이가 끝난다.

전문가 팁! 아이가 눈을 가리고 소리에 귀를 기울이면서 청각적 집중력뿐만 아니라 몸의 모든 감각 능력을 키울 수 있습니다. 아이가 술래일 때 아빠는 아이가 쉽게 잡을 수 있도록 도와주세요. 그러면 아이의 성취감이 더욱 높아진답니다.

★ 주사 꾹! 의사 놀이 ★

의사나 간호사가 되어 환자를 진찰하고 돌보는 놀이이다.
윌리엄은 의사가 되면 엄격, 근엄, 진지 그 자체이다. 청진기로 진찰을 하고
내 입을 벌려 살펴본 후 팔에 주사를 놓는다. 그러면 나는 진짜 아픈 것 같은 착각에 빠진다.
심지어 주사를 맞고 잠이 스르륵 들기도 하는데 정말 꿀맛 같은 시간이다.
윌리엄, 아빠는 의사 놀이가 제일 좋아! 매일 하면 안 될까?

의사 선생님, 저 약 기운이 오르는지 너무 졸려요. 눈 좀 붙일게요.
일단 이거 배에 대 볼게요.
샘 아빠의 빛나는 연기력 ★★★★★

메디컬 드라마 찍는 남자
맡은 배역 120개 우리 집 명배우

HOW TO PLAY

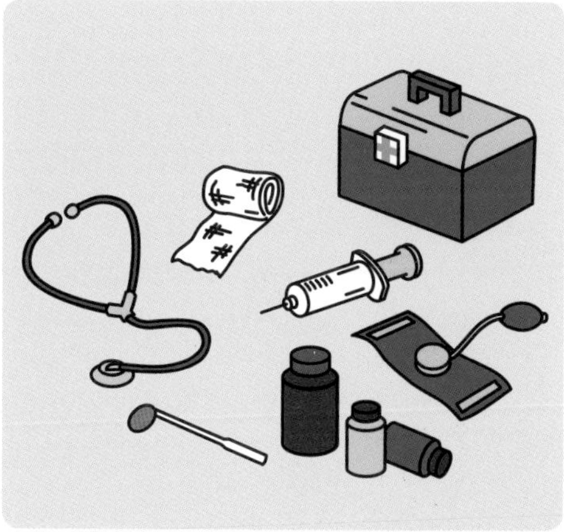

1 의사 놀이에 필요한 옷과 도구를 준비한다.

윌, 병원은 왜 가는 거지?
거기에 뭐가 있었어?
기억나는 사람은 누구야?
주사!
무셔
시러

2 병원은 어떤 곳인지, 병원에서는 누가 어떤 일을 하는지 아이와 이야기를 나눈다.

선생님~ 어제부터
배가 자꾸자꾸 아프고
머리도 아파요.
SAM
추워요~
자~ 옷 들어 보세요.
이거로 대 볼게요.
안 아파요~

3 의사와 환자 역할을 나눈 후, 경험을 떠올려 역할 놀이를 한다.

변형 놀이

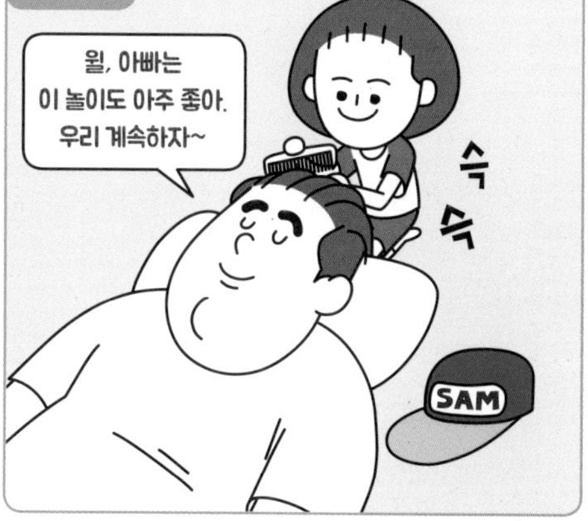
윌, 아빠는
이 놀이도 아주 좋아.
우리 계속하자~
슥
슥
SAM

헤어 디자이너 놀이

헤어 디자이너가 되어 빗과 손가락 가위로 아빠의 머리를 다듬어 주는 놀이예요.

전문가 팁!

역할놀이를 통해서 아이들은 그 역할을 하는 사람의 입장에서 생각하고 행동하며 타인에 대한 공감 능력을 키울 수 있습니다. 또 다양한 직업을 경험하며 사회성도 기를 수 있답니다.

★ 아슬아슬 신문지 섬 ★

신문지를 계속 반으로 접어 가며 그 위에 서는 놀이이다.
이 놀이는 나와 윌, 유미와 벤이 2 : 2로 해야 더 스릴 있다. 한 번 접고, 두 번 접고, 세 번 접고….
어느새 윌리엄이 내 발 위에 올라타 있다. 얼마나 더 버틸 수 있을까?
"잠깐, 발이 큰 아빠가 불리하다구!" 까치발로 버텨 보지만 유미와 벤틀리의 승리!
기분 좋은 패배이다.

아빠 발등이 폭신폭신하지?
윌리엄, 무조건 버텨~!
아빠! 윌리엄
꽉 잡아!
승부욕 이글이글
윌리엄

HOW TO PLAY

윌, 신문지 위에 올라가서
우리 5초씩 버텨야 해.
자신 있어!
잘할 거야!

1 신문지 1장을 크게 펼치고 아빠와 아이가 함께 올라가서 5초간 버틴다.

2단계~!
이제 반 접습니다.
통과하면 반씩 접는 거야.
SAM

2 성공할 때마다 신문지를 반으로 접어 공간을 좁혀 가면서 버틴다.

SAM
넘어진다~
흔들
흔들

3 신문 밖으로 발이 빠지거나 넘어지면 실패! 가장 오랫동안 버틴 팀이 이긴다.

변형 놀이
배탑승~
다 탔다!
SAM
방석에
탑승 못한
사람은
탈락!

방석 배 타기

춤을 추면서 방석 주위를 돌다가 '배 타기'를 외치면 모두 방석 위로 올라가요.

전문가 팁!

신문지 위에서 아빠와 함께 버티면서 협동심과 인내심을 기를 수 있어요. 그뿐만 아니라 좁은 공간에서 오래 버티며 몸의 균형 감각과 지구력도 키울 수 있답니다.

★ 미션! 징검다리 건너기 ★

아빠가 휴지 징검다리를 놓으면 아이가 그 위로 건너가는 놀이이다.
목적지에 도착할 때까지 징검다리가 끊기면 안 되기 때문에 윌리엄이 두 팔을 벌리고
발을 내디딜 때마다 나는 두루마리 휴지를 가져다 놓느라 정신이 없었다.
나와 윌의 환상 호흡으로 드디어 목적지에 도착!
윌! 아빠는 지금도, 앞으로도 너에게 든든한 징검다리가 되어 줄게.

아빠, 아직 많이 가야 해~ 빨리 징검다리 만들어야지.
윌, 천천히~ 스텝 바이 스텝!
MUIR WOODS
사뿐
사뿐

HOW TO PLAY

윌! 휴지 징검다리로
어디까지 가고 싶어?
윌리엄 방!

1 징검다리로 쓸 두루마리 휴지를 준비한 후, 가고 싶은 목적지를 정한다.

징검다리를 놓을 때는 아이의
보폭을 생각하여 놓아 주세요.
윌리엄이
간다!
퐁
퐁

2 아빠가 징검다리를 놓으면 아이는 양팔을 벌려 균형을 잡으며 징검다리를 건넌다.

윌리엄! 잠깐 기다려!
아빠가 뒤에 있는 휴지 가져갈게.
아빠~
징검다리
없어요.

3 더이상 놓여진 두루마리 휴지가 없으면 맨 처음에 놓았던 것부터 순서대로 가져와 다리를 연결한다.

윌리엄~ 도착~!
읏쟈
번
쩍

4 목적지에 도착하면 아빠가 아이를 꼭 안고 높이 들어 올린 후 내려 준다.

전문가 팁! 몸의 중심을 잡고 두루마리 휴지 위를 건너면서 아이의 균형 감각과 집중력이 발달합니다. 또 다리를 놓는 아빠와 호흡을 맞추면서 협동심을 배우고 성취감이 자라납니다.

★ 휙휙 날아가는 동전 UFO ★

동전을 던져 달걀판에 넣는 놀이이다.
나도 어릴 때 동전 따먹기로 많이 했던 놀이이니만큼 추억을 되살리며 해 본다.
달걀판에 넣는 동전은 모두 저금통에 넣어 준다고 했더니 윌리엄, 오오~ 초집중이다.
동전이 하나도 남지 않을 때까지 골인의 연속!
이날 윌리엄의 돼지 저금통은 토실토실해지고 나의 지갑은 가벼워졌다.

윌! 이번엔 500원짜리 줄게. 잘해서 돼지 밥 많이 주자!
윌리엄이 던진 거 들어갔다!
쏘옥

HOW TO PLAY

아이가 동전을 입에 넣지 않도록 주의를 주세요.
우리 동전 던지기 하자!
응!
SAM

1 달걀판을 바닥에 놓고, 1m 정도 뒤에 던지는 선을 표시한다.

이렇게 동전을 아래에서 위로 띄우듯이 살짝 던져 봐.
휘리릭
이렇게?

2 아빠가 아이에게 동전을 던지는 방법을 알려 준다.

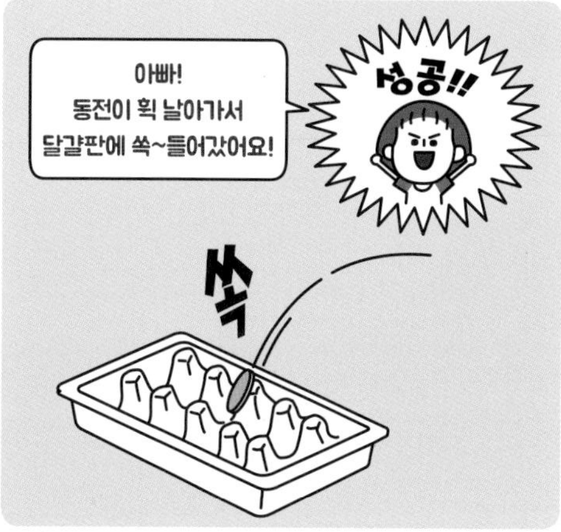
아빠! 동전이 휙 날아가서 달걀판에 쏙~들어갔어요!
성공!!
쏙

3 선 뒤에서 동전을 던져 달걀판에 골인시킨다.

형아~ 이거 사딸라?
꿀꿀이야 많이많이 먹어~
땡그랑

4 아빠와 아이가 골인시킨 동전을 모아 함께 세어 본 후 저금통에 넣는다.

전문가 팁!

아이의 자존감을 높이기 위해서는 스스로 할 수 있는 일에 도전하여 성공하는 경험을 많이 갖도록 하는 것이 좋습니다. 아빠와 함께 동전을 던지고 모으는 놀이를 통해 아이는 성취감과 자존감, 협동심을 발달시킬 수 있습니다.

형제간의 따뜻한 우애를 기르는 방법

아이들은 싸우면서 큰다

윌리엄은 얼마 전 〈몬스터 주식회사〉를 다시 한 번 정주행한 후 그 애니메이션에 푹~ 빠져 있다. OST를 반복해서 듣는 것은 기본이고, 공간만 확보되면 능청스럽게 그루브를 타면서 춤까지 춘다.

마침내 다가온 윌리엄의 생일날, 지인이 선물로 〈몬스터 주식회사〉 장난감을 품에 안겨 주었다. 기뻐하며 상자를 뜯는 윌리엄을 보고 방으로 들어온 순간, 기쁨의 환호성이 아닌 포효하는 울음소리가 들렸다. 서둘러 나가 보니 거실에 선 윌리엄과 벤틀리가 서로 인형을 갖겠다고 으르렁대고 있었다.

"이거 놔! 이거 윌리엄 꺼야!! 내 선물이라고오옷!"

"으~아냐~ 놔~ 벤 꺼~어."

윌 VS 벤
장난감 전쟁
분하드아~!
내 안의
서러움이라는 것이
폭발한다!

상자 안에 들어 있던 인형은 무려 3개! 하지만 윌리엄과 벤틀리는 그중 '설리반' 캐릭터의 인형을 서로 갖겠다고 고집하고 있었다. 양쪽에서 잡아당기고 난리가 났다. 머리가 지끈거리고 내 심장도 마구 뛰었으나 우선 나부터 진정한 다음 윌리엄과 벤틀리를 떼어 놓았다. 그리고 문제의 장난감을 내려놓게 하고, 윌리엄을 다른 공간으로 데리고 가서 이야기를 나눠 보기로 했다.

"윌! 왜 화가 났어?"

"아가, 너무해떠. 이거 윌리엄 생일 선물인데…."

사실 이 장난감은 윌리엄이 받은 생일 선물이다. 평소에는 윌리엄이 형이라고 대부분 양보하지만 생일 선물까지 동생에게 양보하라고 할 수는 없었다. 고민하던 나는 윌리엄에게 선택권을 주기로 했다.

윌! 장난감은 3개인데 윌리엄 손은 몇 개지? 혼자 3개를 다 가지고 놀 수 있어?
아가랑 같이 가지고 놀아야 더 재미있지 않을까?
… 아빠, 이거 하나는 아가한테 줄게요.

윌리엄은 내 얘기를 듣고 고민하더니 동생에게 장난감 하나를 주기로 했다. 나는 윌리엄이 준 장난감을 들고 벤틀리에게 갔다.

"벤, 장난감 가지고 놀고 싶은데 형이 안 줘서 속상했지? 이거 봐! 형이 벤틀리 준대. '고마워' 인사하러 가자!"

우리 집에는 잘못한 사람이 볼에 뽀뽀를 하면 상대방이 안아 주는 '화해 방법'이 존재한다. 다행히 벤틀리가 먼저 윌리엄에게 다가가 뽀뽀를 했고, 윌리엄은 웃으며 벤틀리를 안아 줬다. 하지만 몇 시간이나 지났을까…. 아직 어린 벤의 욕심은 끝이 없었다. 계속해서 〈몬스터 주식회사〉 장난감 전부를 원했지만 나는 윌리엄에게 더 이상의 양보를 권하지 않았다. 양보하고 배려하는 마음도 원칙에서 비롯되어야 성장할 수 있을 테니까. 이런 경험들을 통해 윌리엄과 벤틀리의 사회성이 커 가는 게 아닐까?

형아~
나두 사랑해!
우리 귀여운
벤토리
사랑해!

샘 아빠도 궁금한 육아 지식 Q&A

Q 무조건 양보하는 형, 형의 역할을 잘하고 있다고 봐야 할까요?

A 윌리엄은 동생을 배려하고 양보하려는 착한 마음을 가지고 있네요. 양보는 높은 사회성과 도덕적 가치를 내포한 것입니다. 동생에게 매번 양보하는 형은 동생의 강한 성격에 밀려서이거나 부모가 형이 양보하길 원해서인 경우가 많습니다. 하지만 양보가 뭔지도 모르는데, 자신은 그렇게 하고 싶지 않은데 억지로 양보를 강요 당한 아이는 무언가 손해 본 것 같고, 억울함을 느낄 수 있지요. 따라서 아이에게 양보를 강요하기보다는 상황을 설명해 주고 생각의 단계를 거쳐 스스로 선택할 수 있게 해야 합니다. 때로는 참지 않고 화를 내거나 힘으로 동생을 제압하고, 자신이 좋아하는 장난감을 끝까지 동생에게 빼앗기지 않는 것도 필요합니다.

Q 아이들이 싸울 때 부모는 어떤 태도를 보여야 사이좋은 형제가 될 수 있을까요?

A 부모는 중립적인 태도를 보이는 것이 좋습니다. 아이들의 행동을 섣부르게 판단하면 한 아이가 억울해질 수도 있고, 아이는 부모가 자신의 편을 들게끔 하려고 거짓말을 하거나 상황을 조작할 수도 있습니다. 따라서 부모는 한쪽 편을 들기보다는 우선 아이들이 싸우고 있다는 사실에 대해서 훈육해야 합니다. 싸우는 것은 둘 다 잘못된 행동이라는 인식을 심어 주고, 아이들이 싸우면 함께 놀지 못하게 하여 사이좋게 지내야만 함께 놀 수 있다는 것을 분명하게 알려 주세요. 또 상대방을 때리거나 물건을 던지고 파괴하는 행동에 대해서도 잘못된 행동임을 단호하게 알려 주어야 합니다. 반대로 아이들이 사이좋게 지낼 때는 "너희는 정말 사이좋은 형제야. 앞으로도 그렇게 잘 지내렴. 아빠는 서로 사이좋은 너희 두 명을 모두 사랑해."라고 말하면서 적극적으로 칭찬해 주세요.

ADVISER 소아청소년정신과 전문의 **손석한**

알아 두면
쓸데 있는
신박한
육아 비법
2

1

장난감에 물이 한가득
장난감을 뽀송하게 유지하는 꿀팁!

우리 아이 물놀이 필수템 고무 오리! 그런데 이 장난감 안에 물이 들어가면 빠지지 않아 곰팡이가 생길 수 있어요. 물놀이를 하기 전에 장난감 아래의 구멍을 글루건으로 막아 주세요. 그러면 절대 물이 들어가지 않는답니다.

2

아이에게 소중한 필수품
손수건 깨끗하고 쉽게 꺼내 쓰는 꿀팁!

아이가 어릴수록 하루에도 몇 장씩 쓰는 가제 손수건. 손수건을 위생적으로 편하게 쓰고 싶으신가요? 그럼 지퍼 백과 물티슈 뚜껑 하나만 준비하세요. 손수건을 차곡차곡 넣은 지퍼 백 가운데에 물티슈 뚜껑을 붙이고 지퍼 백에 구멍을 뚫으면 끝!

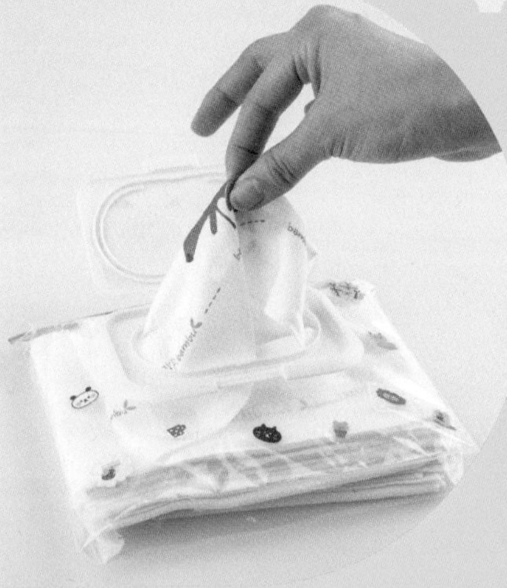

3

문 닫는 소리에 자는 아이가 깬다면
문소리 나지 않게 닫는 꿀팁!

아이를 재우고 조심스럽게 방문을 열고 나오는데 '딸깍' 하는 문소리에 잠에서 깬 아이를 달랜 경험 있으시죠? 이럴 때는 입지 않는 옷이나 양말을 잘라서 양쪽에 고무줄을 붙인 다음 문 손잡이에 고무줄을 걸어 주세요. 더는 문소리에 자는 아이가 깰 걱정은 안 해도 되겠죠?

4

녹지 않는 아이스크림은 없나요?
아이스크림 깨끗하게 먹을 수 있는 꿀팁!

아이들이 좋아하는 막대 아이스크림. 그러나 한 번 녹기 시작하면 아이의 얼굴, 손, 옷 모두 아이스크림 범벅이 되죠. 이럴 때는 플라스틱 컵의 뚜껑을 막대와 아이스크림 사이에 끼우고 틈은 휴지로 막아 주세요. 그러면 아이스크림이 녹아도 걱정 없답니다.

바른 습관을 기르는

생활 습관 놀이

PART 04

잘 자고, 잘 먹고, 잘 노는! 바른 생활 윌벤저스

전지적 아빠 시점

아빠도 잠 좀 자자!

잠자려고만 하면 “아빠! 물~”,
“아빠! 쉬~”, “아빠! 무슨 소리가 들려!”
이런 저런 핑계를 대며 자는 시간을 늦추는 너희 둘!
잠을 충분히 자야 키도, 마음도 쑥쑥 큰단나!
그나저나… 오늘은 일찍 잘 수 있을까?

아빠, 나는 이제
흥이 오르기
시작했는데?

윌! 벤!
이제 목욕하고
코~자자!

목욕도 다했는데
너희 대체 언제
잘 거야? 어제도 12시
넘어서 잤잖아.
세상
졸림
둠칫
에이~
딱 30분만
더 놀자.
아빠,
저는 아직도
배가 고파요.
두둠칫

윌리엄,
너도
그렇단다.
아빠,
벤틀리는
잘 때가 제일
예뻐.

오늘도 아빠는 너희를 바라보다가 잠이 든단다.
윌리엄, 벤틀리! 우리 꿈속에서 또 만나자.

#남자들의 파자마 파티 #야행성 #올빼미 #대체 수면 교육은 언제까지?
#수면 비법 아시는 분? #이 밤의 끝을 잡고 #밤이면 밤마다

★ 흔들흔들 이불 그네 ★

아이를 이불로 감싸 안고 그네를 태우는 놀이이다.
힘이 넘치는 벤틀리는 잠들기 전에도 놀아 달라고 보채는 경우가 많다.
그럴 때마다 이불 그네를 천천히 흔들며 노래를 불러 주면
동그랗던 눈이 어느새 스르르 감긴다…는 나의 희망과 달리
한껏 신이 난 벤틀리가 "또! 또!"를 외친다.

어서 타~ 이런 그네는 처음이지?
아빠~ 벤이 날고 있어요!
꺄아~스릴 만점이야!

HOW TO PLAY

벤틀리, 아빠가
그네 태워 줄게!

1 두꺼운 이불 위에 얇은 이불을 깔고 아이를 엎드리게 한 다음 이불 끝을 모아 잡는다.

자, 이제 그네
출발합니다.
꼭 잡으세요!
꺄~

2 이불을 단단히 잡은 다음 천천히 들어 올리며 일어선다.

슈웅~
꺄악!
부
웅

3 적극적인 리액션과 함께 이불을 전후좌우로 흔든다.

변형 놀이
휘잉~
까꿍!

이불 그네 2
아이가 어리면 이불 위에 눕혀서 살살 흔들어 그네를 태워요.

전문가 팁!
아빠가 이불을 흔드는 방향과 속도에 따라 아이는 움직임을 감지하며 균형 감각을 발달시킬 수 있습니다. 단, 잠들기 전에는 아이가 너무 흥분하지 않도록 놀이의 강도와 속도를 조절해야 합니다.

★ 아빠 한 입, 나 한 입 ★

아빠와 아이가 간식을 나눠 먹으면서 인사하는 방법을 배우는 인사 놀이이다.
우리 집 먹대장 벤틀리의 최애 놀이! 벤틀리가 "쪠쪠 주세요."라고 하며 두 손을 모으고
애절한 눈빛을 날린다. 마치 '슈렉에 장화 신은 고양이?' 같은 그 모습이 너무 귀여워 안 줄 수가 없다.
하지만 간식을 주면 먹기 바빠서 "감사합니다."와 "또 주세요." 가 섞인 말을
다급하게 외친다. "감사 주세요!"

벤, 감은 지금
없는데에~??
아빠!! 감사 주세요!!
기다릴 줄도
알아야지!

HOW TO PLAY

벤틀리, 먹고 싶어도 잠시만 참자!
다 다 다 다
쩌쩨!

1 아이가 좋아하는 간식을 가져와 마주 보고 앉는다.

두 손을 내밀면서 '주세요' 하면 아빠가 벤에게 과자를 줄 거야.
뚜떼요!

2 아빠가 먼저 "주세요." 할 때는 두 손을 모아 내밀고, "감사합니다." 할 때는 허리를 숙여 인사하며 시범을 보인다.

아빠 아~
감사합니다.

3 아빠와 아이가 한 입씩 간식을 주고받으며 "주세요."와 "감사합니다." 인사를 한다.

음~! 벤틀리가 주니까 너~무 맛있어!
오물 오물 오물

4 아이가 먼저 아빠에게 음식을 내어 주면 폭풍 칭찬을 한다.

전문가 팁! 아빠와 음식을 나눠 먹으며 나눔과 양보에 대해 알게 되고 타인에 대한 배려심을 키울 수 있습니다. 또 음식을 먹기 전과 후에 인사를 주고받으며 예절을 배울 수 있답니다.

★ 달려라 달려! 이불 썰매 ★

아이를 이불 위에 태우고 썰매처럼 끌고 다니는 놀이이다.
윌벤저스가 잠잘 생각을 안 하면 나는 조용히 이불을 넓게 펼친다.
순식간에 이불 위로 뛰어와 앉는 두 녀석! "어디로 갈까요?" 물으면 벤틀리는 냉장고 앞으로,
윌리엄은 장난감 쪽으로 끌어 달라고 한다. 하지만 결국 침대 쪽으로 끌고 가는 나!
애들아, 아빠는 계획이 다 있단다.

윌, 벤~ 이제 침대로 가 볼까?
간식 있는 곳으로 가 주세요!
우디랑 버즈가 보고 싶어요~

HOW TO PLAY

썰매
탈 사람
모여라!
저요~

1 아이를 펼쳐 놓은 이불 위에 눕히거나 앉힌다.

손님~ 어디로
갈까요?
공룡 나라요!
크앙!

2 아이가 균형을 잘 잡고 있는지 확인한 후, 이불 끝을 잡는다.

아… 안돼!
엄마도
타세요!
MOM~

3 아이가 넘어지지 않도록 낮은 자세로 이불 썰매를 천천히 움직인다.

아무래도
혼자는 힘들겠어.
벤! 형아랑
같이 끌자.
낑
낑

4 아이가 이불을 끌 때면 아이가 끌기 쉽게 아빠가 손이나 발로 바닥을 밀며 도와준다.

전문가 팁! 움직이는 이불 위에서 넘어지지 않게 버티며 몸의 균형 감각을 발달시킬 수 있습니다. 특히 포근한 이불을 이용한 놀이는 아이에게 안정감을 주며 이불에 친숙해지게 되어 잠자리를 좋아하게 만든답니다.

★ 토닥토닥, 인형 재우기 ★

인형을 재우면서 아이도 함께 잠자리에 들도록 하는 놀이이다.
"공룡도 이제 코~ 잔대. 윌, 굿 나잇 인사해 줘." 윌리엄이 자야 할 시간,
인형을 재우기 시작하면 어느새 윌리엄도 '레드 썬!' 스스륵 잠이 든다. 인형에게 하는
굿 나잇 인사는 윌리엄이 꿈나라로 가는 마법의 주문인가 보다.

윌리엄이랑
같이 코~ 자자!
자장~자장
토닥
토닥

HOW TO PLAY

깜깜한 밤이 되었네. 모두 자야 할 시간이야. 친구들도 잘 자라고 인사할까?
딸깍

1 부분 조명만 남기고 불을 꺼 집 안 전체를 어둡고 조용한 환경으로 만든다.

우리 내일도 재미있게 놀자.
내일 만나. 안녕.

2 가족과 굿 나잇 인사를 한 다음, 장난감들이 있는 곳으로 가 잘 자라고 인사를 한다.

윌리엄도 같이 코 자자. 제발…
말똥
말똥
토닥
토닥

3 아이가 좋아하는 장난감을 잠자리로 가져와 토닥토닥 두드리며 인형을 재운다.

변형 놀이
오늘 놀이터에서 그네 타려고 기다리는데 어떤 형아가 줄 안 서고 내 앞으로 끼어들어서 내가 순서 지키라고 말해 줬어.

오늘 한 일, 내일 할 일

아빠와 아이가 침대에 누워 오늘 기억에 남는 일, 내일 할 일 등에 대해 이야기해요.

전문가 팁!

아이가 잠잘 때마다 함께 잘 수 있는 애착 친구를 만들어 주면 정서적 안정감을 느끼며 잠들 수 있습니다. 또 매일 일정한 시간에 이 놀이를 반복하면 규칙적인 수면 습관을 형성하는 데 도움이 된답니다.

★ 오늘은 내가 밀가루 반죽 요리사! ★

밀가루 반죽을 주무르고 떼어 보며 모양을 만드는 놀이이다.
채소를 정성스레 간 즙을 넣어 만든 색색깔의 밀가루 반죽.
섬세한 윌리엄은 조몰락조몰락, 씩씩한 벤틀리는 오물딱쪼물딱.
온 집 안에 밀가루 눈꽃이 날리지만 집중하는 아이들을 보며
나까지 행복해지는 시간이다.

수제비는 반죽이 생명이란다.
아버님, 손맛이 가장 중한 겁니다.
나는 배가 많이 고파.
오물딱
쪼물딱

HOW TO PLAY

놀이 전 아이와 아빠 모두 손을
깨끗이 씻어요.
파프리카
시금치
비트
밀가루

1 놀이 장소에 비닐이나 신문지를 깐 후, 색을 낼 채소의 즙과 밀가루를 준비한다.

아가야! 그거 먹으면
안 돼! 배 아야 해!
냠
냠
주물
주물

2 밀가루에 아이가 원하는 색의 채소즙을 넣어 반죽한다.

윌리엄, 그건 노란색 하트 모양이구나.
그럼 이건 무슨 모양이야?
아빠!
이건 내가
먹을 거야!

3 반죽을 얇게 늘이거나 모양 틀로 찍어 다양한 모양의 수제비를 만든다.

너희랑 함께
만들어서 먹으니까
진짜 맛있다!
냠
냠
냠 냠
최 고

4 아이와 만든 수제비 반죽을 육수에 넣고 맛있게 끓여 먹는다.

전문가 팁!

밀가루 반죽을 주무르고 놀면서 소근육의 힘을 기를 수 있고 촉감을 자극해 두뇌 발달에도 도움이 됩니다. 또 길게 늘이고 떼었다가 다시 뭉치기를 반복하면서 스트레스를 해소하고 감정을 조절하는 데 도움을 준답니다.

★ 잡아라! 입속 세균맨 ★

칫솔로 이를 닦으며 입속에 있는 세균맨을 잡는 놀이이다. 이 닦는 시간은 언제나 만만치 않다. '웁스!' 벤틀리는 계속 치약을 먹고 있고, 윌리엄은 칫솔을 물고만 있다. 그때 내 머리를 스치는 영화 속 유령 퇴치 장면! "입속에 살고 있는 세균맨을 치약 거품으로 없애야 해!" 분위기를 몰아가며 외친다. "1층!" 하면 아랫니를, "2층!" 하면 윗니를. 바쁘게 움직이는 고사리손이 귀엽기만 하다.

벤, 치약은 먹는 거 아니야.
아빠 치약 또 주세요.
아빠 나 진짜 잘하지?
찹찹! 아 맛나~

HOW TO PLAY

밥을 먹고 나면 윌리엄 입 안에 먹을 것이 많아서 세균맨이 밥 먹으러 온대. 우리 빨리 치카해서 세균맨이 못 오게 하자!
OOPS!

1 이를 닦아야 하는 이유를 재미있게 설명한 후 적당량의 치약을 칫솔에 묻힌다.

치카
위! 아래! 위! 아래!
치카
쪽
쪽

2 아이가 좋아하는 노래를 들으며 박자에 맞춰 위쪽, 아래쪽, 안쪽, 바깥쪽 등 구석구석 이를 닦는다.

거품을 퉤! 뱉어 봐!
가르르
르르르
퉤
치약 또 두떼요!

3 치약 거품을 뱉은 후 물을 한 입 입에 물고 보글보글 놀이를 한 다음 뱉으며 입을 헹군다.

변형 놀이
미로 찾기 같은 놀이도 이런 방식으로 하면 지웠다 쓰기가 편해요.
슥
슥

치카치카 썩은 이 닦기

치아가 그려진 그림을 투명한 지퍼 백에 넣고 수성 펜으로 까맣게 칠한 다음 물티슈로 깨끗이 이를 닦아요.

전문가 팁! 아빠와 놀이를 하듯이 이를 닦으면 양치질에 대한 거부감 없이 칫솔질을 배울 수 있습니다. 또 상황극을 하며 이를 닦으면 상상력과 사고력을 발달시킬 수 있답니다.

★ 돌돌 말아! 이불 김밥 ★

아이를 김밥을 말듯 이불로 돌돌 말아서 노는 놀이이다.
김밥 주문요~! 김밥 놀이가 시작되면 나는 폭신한 이불로 윌리엄을 돌돌 말아 꼭 끌어안고
사정없이 뽀뽀 세례를 퍼붓는다. 까르르~! 웃으며 발버둥치는 윌리엄.
어느새 벤틀리도 나타나 "김밥! 김밥!"을 외친다.
그래 아빠가 김밥 맛집이지?

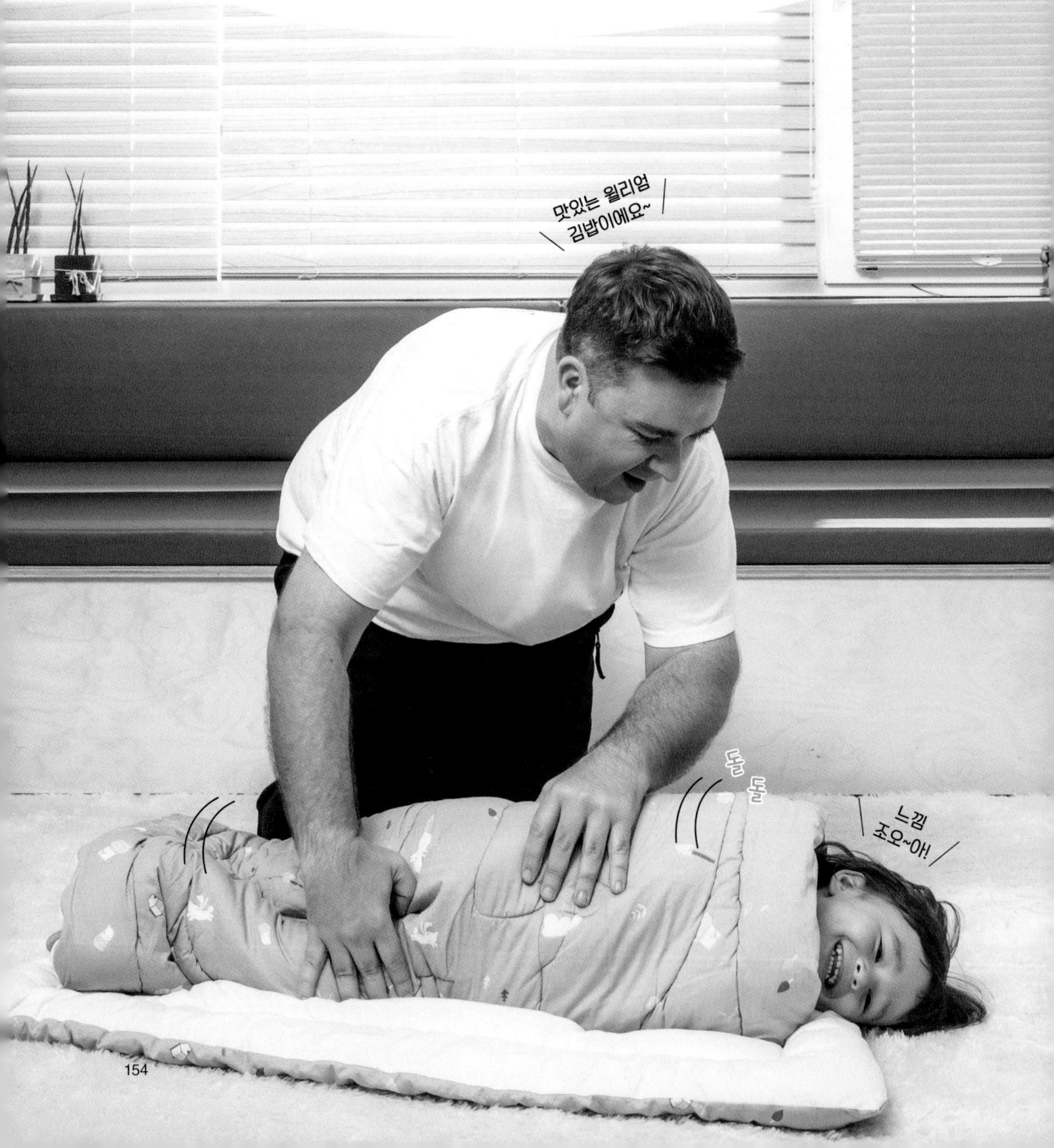
맛있는 윌리엄
김밥이에요~
돌돌
느낌
조오~아!

HOW TO PLAY

김밥에 윌 단무지
들어갑니다!
둘둘둘

1 펼친 이불 끝에 아이를 눕히고, 몸을 옆으로 굴려 가며 이불로 만다.

맛있는 윌리엄
김밥 완성!
잘 먹겠습니다아~
꺄
악
슥삭
슥삭

2 이불을 끝까지 다 말아서 김밥이 완성되면 먹는 흉내를 낸다.

후르르룩~
김밥이 풀려 버렸네!
데구르르르르

3 이불을 풀 때는 이불 끝을 잡고 김밥을 말았던 반대 방향으로 당겨서 푼다.

변형 놀이
돌
돌
돌

이불 빨리 말기

아이와 아빠가 각각 이불의 양 끝을 잡고 서 있다가 '시작'과 동시에 몸을 회전하며 이불을 말아요.

전문가 팁!

김밥을 말며 주고받는 대화와 스킨십으로 아이와 부모는 더욱 긴밀한 애착 관계를 형성하게 됩니다. 또 이때 만든 상황극은 아이의 호기심을 자극하여 상상력과 창의력도 키울 수 있답니다.

★ 우당탕탕! 베개 싸움 ★

아빠와 아이가 베개를 휘두르거나 던지며 겨루는 놀이이다.
양보란 없다. 우리의 싸움은 늘 치열하다. 그러나 윌리엄이 휘두르는
베개의 파워는 토르가 휘두르는 망치 못지않다. 헉! 오버액션하며 뒤로 밀리는 나.
아픈 척하는 연기가 연기만은 아니다. "윌, 그동안 아빠한테 쌓인 게 많았던 거니?"
오늘도 패배 인정이다.

아빠 눈 감아요!
윌리엄, 각오해!
후훗!
승부의 세계는 냉정한 것!

HOW TO PLAY

준비되었니?
시작해 볼까?
SAM
찌릿!

1 아빠와 아이가 각각 크고 푹신한 베개를 잡는다.

시~작
SAM
팡
팡
퍽
퍽

2 처음에는 '시작'과 동시에 함께 공격을 하다가 10초 후 아빠는 수비로 전환한다.

아야!
아빠
항복!
퍽
퍽

3 아빠가 일방적으로 베개를 맞으며 "아이고, 아파라!" 등의 표현을 하며 쓰러진다.

변형 놀이
베개 대신 책을 이용해서 놀이를 할 수도 있어요.
형아 같이 가!
흔들
흔들
다다다다

베개 이고 걷기

베개를 머리 위에 올리고 균형을 잡으며 거실 한 바퀴를 먼저 돌아오는 사람이 이기는 놀이예요.

전문가 팁!

베개로 치고 피하면서 신체 조절 능력을 기르고 스트레스도 해소할 수 있는 놀이입니다. 또 아이의 승리로 성취감을 높여 줄 수 있답니다. 그러나 잠들기 전 보다는 저녁 식사 후 아이의 에너지를 소비하는 것에 중점을 두세요.

★ 꿈나라로 가는 책 읽기 ★

잠자기 전 아빠가 아이에게 책을 읽어 주거나 함께 읽는 놀이이다.
"기대하시라~ 개봉 박두! 아빠표 꿈나라 극장." 그럴듯한 성대모사와 과장된 몸짓은
두 아이를 상상의 나라로 쏙 빠져들게 하고도 남는다. 오늘은 방귀 그림책 당첨!
아이들의 기상천외한 질문에 난감할 때도 있지만
거침없는 나의 방귀 열연에 밤은 깊어만 간다.

신이 날 때는 뿡뿡! 졸릴 때는 뿌-우-웅
아빠, 방귀는 무슨 색이에요?
방귀는 무슨 맛이에요?
뿡 뿡

HOW TO PLAY

윌, 자기 전에 아빠가 책 읽어 줄까? 읽고 싶은 그림책 가져올래?

1 씻고 이부자리를 준비하는 등 잠잘 준비를 마친다.

탁월한 선택이야. 윌리엄!
아빠 오늘은 이거 읽어 주세요.

2 취침 전에는 단순하면서 몰입하기 좋고 편안한 이야기의 책이 좋다.

아이가 자지 않고 끝없이 읽어 달라고 할 수 있으니 읽어 줄 책의 양을 미리 정해 두세요.
꾸벅
꾸벅
Z
Z
Z

3 부드럽고 낮은 음성과 느린 속도로 자장가처럼 느껴지도록 책을 읽어 준다.

그새 잠들었네?! 윌리엄, 오늘도 행복한 꿈꾸렴.
쓰담
쓰담
Z
Z

4 책을 다 읽으면 아이의 생각을 들어 본 후, 아이의 머리와 이마 등을 천천히 쓰다듬어 준다.

전문가 팁! 아빠의 중저음 목소리는 아이에게 편안함을 주며 달콤한 수면제 역할을 해 건강한 수면 습관을 기를 수 있습니다. 또 잠들기 전 책 읽기는 기억력 향상과 언어 발달에도 큰 도움이 된답니다.

★ 둥실둥실 풍선 먼지 털기 ★

이불을 털며 풍선을 튕기는 놀이이다.
우리 집에서는 아침마다 창문을 열고 이불을 턴다. 이불 위에 풍선을 슬쩍 올리며 시작된 이불 웨이브! 이불의 먼지를 터는 건지, 풍선을 띄우는 건지 모르겠지만 이렇게 끝없이 팡팡 튕기고 흔들다 보면 이불에 붙어 있는 먼지도 싸악~! 스트레스도 싸악~! 윌리엄은 나의 멋진 청소 파트너이다.

오 잘 튕기는데!
아빠! 하나, 둘, 셋 하면 짝 당기는 거야.
통
통

HOW TO PLAY

윌! 이불에 먼지가 많더라. 우리 신나게 먼지를 털어 볼까?
으악 먼지요?

1 적당한 크기의 이불과 풍선을 준비한다.

우리 이불을 움직여서 풍선을 높이 올려 보자.
네!

2 이불 가운데에 가벼운 공이나 풍선을 올려놓고, 아이와 아빠가 이불의 양 끝을 붙잡는다.

이불의 먼지도 풍선이랑 같이 날아갔을 거야.
통
쇼옹~!

3 아빠와 아이가 박자에 맞추어 이불을 위아래로 흔들며 풍선을 튕긴다.

변형 놀이
아가야 형처럼 요렇게 팍팍!
팡
팡

신문지 말아 이불 털기

이불을 건조대에 걸어 놓고 신문지를 말아 만든 막대로 두드리며 먼지를 털어요.

전문가 팁! 어릴 때의 생활 습관은 청소년기와 성인기까지 영향을 줄 수 있으므로 어릴 때부터 바른 지도가 필요합니다. 이불 털기는 아이에게 청결한 생활 습관을 길러 주고 스트레스를 해소하는 데 도움이 될 것입니다.

★ 찾아라! 환상의 양말 짝꿍 ★

양말의 무늬나 색을 보고 짝을 맞추는 놀이이다.
우리 집에서 빨래는 나의 몫이다. 오늘은 양말 빨래가 산더미! 나는 윌리엄과 놀이하며 정리하기로 했다.
윌리엄이 처음 이 놀이를 했을 때는 양말의 색만 보고 짝을 맞추더니
이제는 양말의 크기와 그려져 있는 무늬도 꼼꼼히 확인한다.
역시 내 아들! 윌리엄의 센스가 나날이 좋아지고 있다.

와우~ 잘했어~
윌리엄 센스 굿!!
딱! 맞네!
아빠, 양말도
짝꿍이 있으면
심심하지 않겠지?

HOW TO PLAY

윌리엄, 빨래를 걷어 왔는데 양말이 모두 섞여 있네. 윌리엄의 도움이 필요해.
O.K.

1 집에 있는 여러 켤레의 양말을 준비해 모두 섞어 놓는다.

이거 윌리엄 양말 같은데, 한 짝은 어디에 있을까?
여기 있네!

2 아빠가 고른 양말과 같은 색, 같은 모양의 양말을 찾게 한다.

찾은 양말을 바구니에 차곡차곡 넣어 볼래?
차곡
차곡

3 나머지 양말을 찾으면 한 켤레의 양말을 포개고 반으로 접어 차곡차곡 정리한다.

변형 놀이
수건, 바지, 속옷 등의 빨랫감을 같은 것끼리 분류하는 놀이를 해도 좋아요.
이건 누구 거?
벤토리 이불이요!

옷 개기 놀이

개기 쉬운 옷도 함께 정리하며 놀아 보아요. 누구 옷인지 퀴즈를 내면 더욱 재미있어요.

전문가 팁!

같은 모양과 크기의 양말을 찾고 분류하며 관찰력과 문제 해결 능력을 기를 수 있습니다. 또 빨래를 개고 정리하면서 스스로 물건을 정리하는 바른 생활 습관도 기를 수 있답니다.

★ 쓱쓱싹싹 쓰레기 모으기 ★

쓰레기를 표시된 한곳에 모으는 청소 놀이이다.
월벤저스와 한 시간 정도 놀았을 뿐인데 온 집 안은 폭격을 맞은 듯 난리가 났다.
'곧 유미가 집에 올 시간인데?' 예상되는 잔소리 폭격. 이럴 땐?
아이들에게 빗자루를 쥐어 주며 쓰레기 모으기 놀이를 시작한다.
때마침 승부욕을 불태우는 아이들. '좋아! 자연스러웠어.'

후후
치워 보니 알겠지?
아빠, 이거 보통
일이 아니네.
아빠! 저는
더 어지르고
싶은데요?
쓱쓱
싹싹

HOW TO PLAY

와우! 거실이
엉망진창이네!
청소 놀이 할까?
SAM

1 신문지, 색종이, 수수깡 등으로 놀이를 마친 다음, 일부러 재료를 거실에 흩뜨려 놓는다.

이 네모 칸에
쓰레기를
모으면 돼.
SAM

2 마스킹 테이프로 거실 바닥에 쓰레기를 모을 구역을 만든다.

1분 동안 더 많이
모으는 사람이
이기는 거야.
SAM

3 '시작'을 외치면 아빠와 아이가 작은 빗자루와 쓰레받기를 들고 1분 동안 쓰레기 모으기 경기를 한다.

변형 놀이
이건 혹시 캔인가?
플라스틱
캔

끼리끼리 나누기

캔, 플라스틱, 종이 등 재활용을 할 수 있는 쓰레기를 같은 종류별로 분류해요.

전문가 팁!

빗자루와 쓰레받기를 함께 사용하여 쓰레기를 모으면서 집중력과 협응력을 키울 수 있게 됩니다. 놀이 후에는 깨끗한 공간을 보며 칭찬해 주세요. 정리 정돈 습관은 물론 자율성도 함께 성장할 수 있답니다.

★ 어서 오세요! 정리 마트 ★

마트에서 쇼핑하듯 장난감을 카트에 담고 계산하며 정리하는 놀이이다.
놀이를 하면서 장난감 정리도 할 수 있는 내겐 꿩 먹고 알 먹는 놀이!
“윌! 바닥에 있는 장난감을 카트에 담아 와서 계산해야 해!”라고 말하며 윌리엄에게 카트를 내밀었다.
고개를 끄덕인 윌리엄은 장난감을 신나게 주워 담으며 말했다.
“이거 다 아빠 카드로 계산해!”

카트맨! 저기 있는 선글라스 담아 주세요.
그건 손님한테 안 맞을걸요.

HOW TO PLAY

카트가 없으면 상자나 바구니
등에 끈을 매달아 사용하세요.
다 살 거야!
점원

1 어린이용 카트와 장난감을 준비하고, 손님과 마트 점원으로 역할을 나눈다.

손님, 바닥에 떨어져 있는
장난감만 카트에 담을 수
있습니다.
네~
점원

2 아이가 손님이 되어 카트를 끌고 다니며 장난감을 담는다.

삑! 삑! 모두 합쳐서
천 원입니다.
얼마예요?

3 아이가 카트에 장난감을 담아 오면 아빠는 점원이 되어 계산하는 연기를 한다.

이 장난감은
어디에 둘까? 원래
어디에 있었지?
윌리엄 방
장난감 통!

4 계산을 완료한 장난감은 원래 장난감을 두는 자리에 가져다 놓는다.

전문가 팁!

정리 놀이로 자신의 물건이 어디에 보관되는지 인식하게 되면서 사물과 주변 환경을 탐색하며 인지 능력을 키울 수 있습니다. 또 물건을 사고파는 과정에서 경제 개념을 이해하게 됩니다.

★ 꼬질꼬질 인형 옷 갈아입히기 ★

인형 옷을 갈아입히며 옷 입는 순서와 방법을 익히는 놀이이다.
요즘 스스로 옷을 입고 벗는 데 제법 능숙해진 윌리엄. 하지만 단추를 풀고 채우는 것은 마음처럼 안 돼 속상해한다. 그럴 때마다 내 마음도 급해지지만 때마침 더러워진 인형 옷을 빨아서 갈아입히는 것을 연습시켰더니 꽤나 진지하게 질해낸다.
스스로 해결할 수 있도록 기다리는 것, 아빠도 연습이 필요하다.

윌리엄, 팔부터
천천히 벗겨 봐.
너무 춥지
않을까여?
낑
낑
꼬물
꼬물

HOW TO PLAY

윌, 우리 더러워진
인형 옷 벗겨 볼까?
팔을 먼저 빼고
그다음에 머리를…

1 아이가 혼자 인형의 옷을 벗길 수 있도록 요령을 이야기해 준다.

토끼야~기다려~
내가 깨끗하게
빨아 줄게~
조물
조물

2 옷을 다 벗긴 후에는 실제로 옷을 빨거나 빨래하는 놀이를 한다.

머리부터 넣고
팔을 한쪽씩 넣어
보자.

3 인형 옷을 다시 입히며 아이에게 옷 입는 방법에 대해 설명한다.

윌리엄도 옷을
혼자 잘 벗는구나!

4 인형 옷 갈아입히기 놀이처럼 아이도 스스로 옷을 입고 벗어 보도록 한다.

전문가 팁! 인형 옷을 갈아입히는 과정에서 역할놀이를 하며 상대를 이해하고 배려하는 사회성이 길러지게 됩니다. 또 스스로 옷을 갈아입는 연습을 하면서 자립심을 기를 수 있습니다.

★ 아빠 누구 거? 이름표 붙이기 ★

자기 물건에 이름을 써 붙이는 놀이이다.
형 물건을 막무가내로 빼앗는 벤틀리 때문에 우리 집에는 똑같은 물건이 2개씩 있다.
하지만 그마저도 윌리엄은 번번이 양보해 버린다. 그래서 만들기 시작한 이름표 스티커!
이름 쓰는 것도 알려 주고, 서로의 물건을 구분할 수 있으니 대만족. 그런데 윌리엄,
아빠 얼굴에 네 이름표를? 그래, 아빠는 너희 거란다!

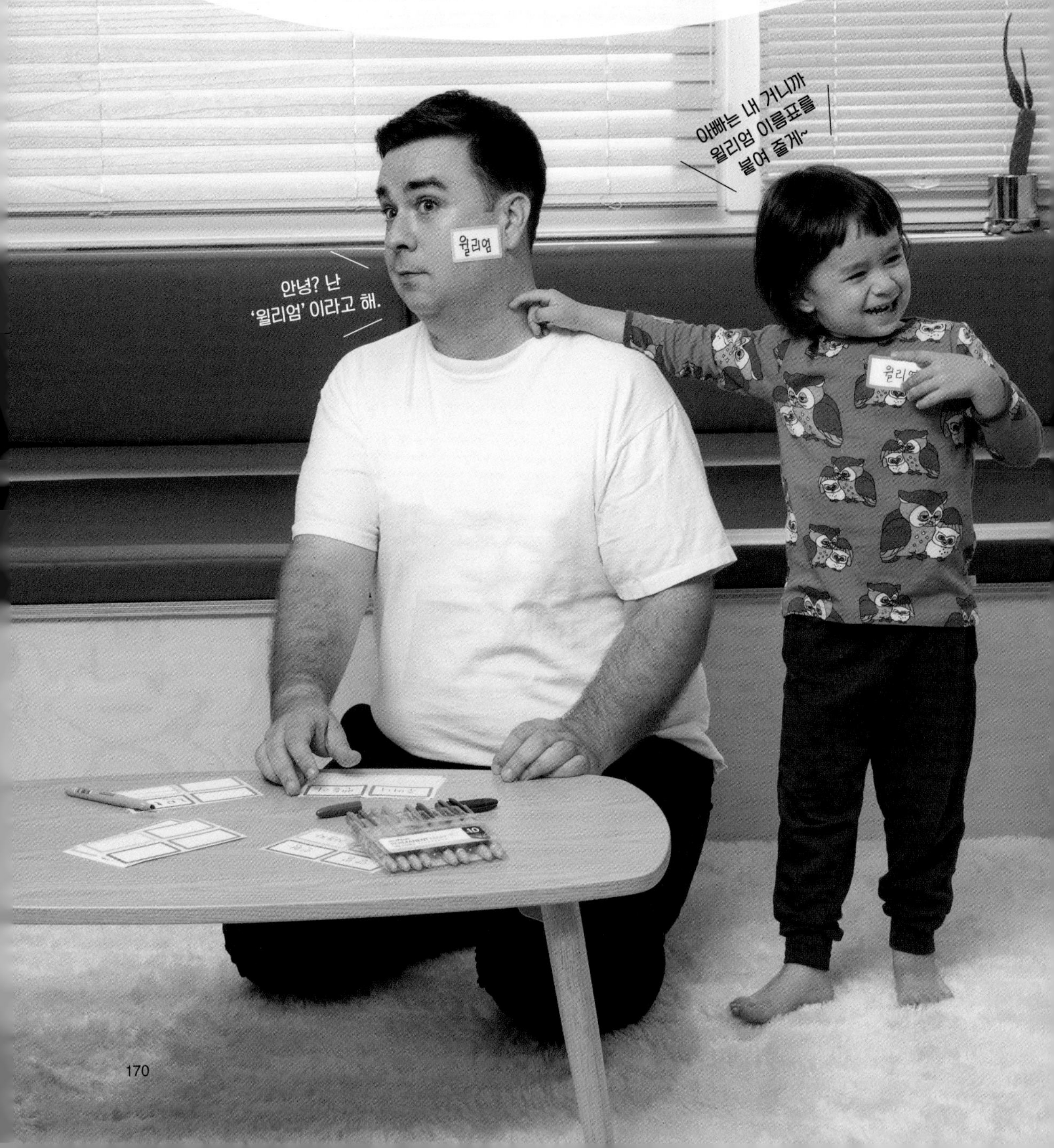

아빠는 내 거니까 윌리엄 이름표를 붙여 줄게~
윌리엄
안녕? 난 '윌리엄' 이라고 해.
윌리엄

HOW TO PLAY

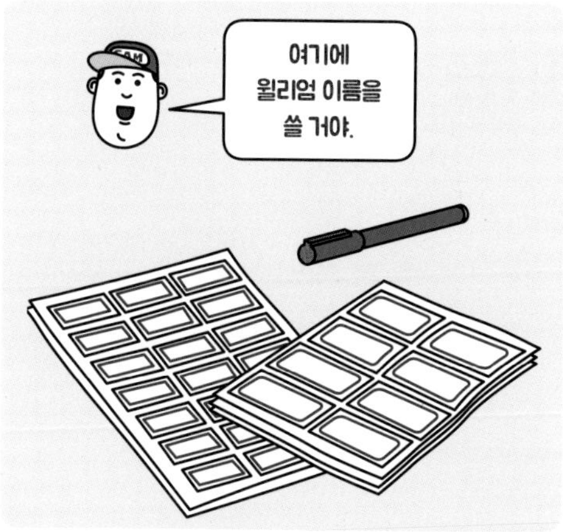
여기에
윌리엄 이름을
쓸 거야.

1 크기가 다른 네임 스티커와 사인펜을 준비한 후 아빠와 아이가 나란히 앉는다.

윌.리.엄!
누가 지었는지 이름
진짜 멋지지?

2 아빠가 네임 스티커에 아이의 이름을 적어서 보여 준 후 아이도 써 보도록 한다.

윌리엄,
윌리엄,
이거 다
내 거야~
척
척
윌리엄
윌리엄

3 아이는 가방, 칫솔, 장난감 등 자신의 물건을 찾아 이름표를 붙인다.

변형 놀이
쓰레기통!

사물 이름표 붙이기

집 안의 다양한 물건에 이름을 적어 붙이면 사물의 이름에 대해 알고 눈으로 글자도 익힐 수 있어요.

전문가 팁! 자신의 물건에 이름표를 붙이면서 아이는 자아를 인식하게 됩니다. 그리고 소유에 대해 인식하게 되면서 책임감도 기를 수 있습니다. 또 글자를 자연스럽게 익히고 배우는 계기가 됩니다.

올바른 생활 습관 들이는 방법

꼬질꼬질 꼬질이는 싫어!

신나게 놀다 보면 아이들의 몸은 온통 땀투성이가 된다. 특히 먹대장 벤틀리는 입가랑 양손이 끈적거리기 일쑤이다. 자주 씻겨 주기는 하지만 금방 또 지저분해지는 아이들. 자기 전에는 꼭 목욕을 시킬 수밖에 없다. 그러나 밤마다 욕실로 향하는 윌리엄의 저항이 만만치가 않다.

"아빠, 오늘은 세수만 할래."

끊임없이 나에게 흥정하는 윌리엄. 하지만 어림없지! 이럴 때는 욕조에 장난감을 한가득 넣어 물놀이로 유혹한다. 욕조 속 장난감을 보자 흔들리는 윌리엄의 동공! 그렇게 10여 분 정도 재미있게 놀다가 옷이 다 젖은 걸 확인시켜 주면 그제야 순순히 목욕을 한다.

벤토리, 넌 목욕이 좋니?
난 형아랑 하는 건 다 좋아~

'이 닦기' 전쟁도 만만치 않다. 그러나 개미가 윌리엄을 변하게 만들었다. 〈슈퍼맨이 돌아왔다〉 야외 촬영 중 쉬는 시간이었다. 길바닥에 떨어진 젤리에 수백 마리의 개미가 떼로 우글우글 모여 있는 것을 발견했다.

"윌! 이것 봐. 양치 안 하고 자면 이렇게 개미들이 윌리엄 입에 찾아올지도 몰라."

"으앙~ 개미는 먹고 싶지 않아."

그날, 집에 도착해서 아이들을 씻기려고 화장실로 들어선 순간, 내 눈을 의심했다. 윌리엄이 열심히 양치를 하고 있는 게 아닌가!? 심지어 아무도 시키지 않았는데도 말이다.

"아빠, 개미 없어."

아마도 낮에 본 젤리와 개미 생각에 스스로 양치질을 시작했나 보다. 그 강렬한 인상 덕분에 윌리엄이 치아 관리를 할 수 있어서 다행이라는 생각이 들었다. 하지만 이 닦을 때마다 우글거리는 개미를 떠올리며 징그러워할 윌리엄을 생각하니 미안한 생각 또한 든다.

치약은 왜 이렇게 맛있는 걸까요?
벤, 이제 치약 그만 먹고 양치해야지.
아가야, 치약 먹기만 하면 밤에 개미도 먹게 될 거야. 형아처럼 깨끗하게 닦아야 해.
냠냠
쪽쪽
반짝
반짝

윌과 벤이 어릴 때부터 바른 생활 습관을 가질 수 있게 가르치고 있지만 아직 고치지 못해 아쉬운 것이 있다. 윌리엄의 손가락 빨기이다. 손가락을 빨면 안 좋은 점을 설명해 주고 책도 보여 줬지만 좀처럼 고쳐지지 않았다. 답답한 마음에 윌리엄에게 왜 그러냐고 물어봤더니 마음이 불편할 때 손가락을 빨면 괜찮다고 했다. 뒤통수를 맞은 느낌이었다. 불안함을 이기려고 그 나름의 방법을 찾은 거였어? 의젓한 윌리엄이지만 아직 여리고 불안정한 어린아이일 뿐이다. 그래서 좋은 습관은 아니지만 당분간 그대로 두기로 했다. 그랬더니 이제는 손가락을 빨기 전에 먼저 물어본다.

"아빠, 나 손가락 빨아도 될까?"

"그럼! 손가락 빨아도 돼. 그 대신 먼저 손은 꼭 씻고."

손가락에 묻은 더러운 균 때문에 몸이 아플 수 있다고, 그래서 손가락을 빨기 전에는 항상 손을 깨끗이 씻어야 한다고 이야기해 줬다. 아무래도 당분간은 손가락을 빨아야 할 테니까. 손가락 빨기는 아직 고치지 못했지만 그 대신 외출 후 집에 오면 꼬박꼬박 손을 씻는 좋은 습관이 생겼다.

아빠,
나 손가락
조금만 빨 거야.
걱정하지 마.
그래, 윌리엄,
아빤 널 믿어!

샘 아빠도 궁금한 육아 지식 Q&A

Q 생활 습관을 바로잡기 위해 지어낸 이야기로 설득하는 방법, 괜찮을까요?

A 꽤 좋은 방법이에요. 물론 윌리엄의 경우처럼 젤리 주위에 개미가 몰려드는 광경을 보게 된 것은 대단한 행운입니다. 실제 상황을 보면서 치아에 빗대어 이야기를 꾸며 내면 아이가 받아들이기 쉽기 때문이죠. 어른도 치아 관리의 중요성을 이미 잘 알고 있지만, 나중에 치과 질환이 생기고 난 다음에야 후회하곤 하죠. 그러므로 아이에게는 이야기를 꾸며서라도 치아 관리 등 올바른 생활 습관의 중요성을 강조해도 괜찮다고 봅니다. 예컨대 놀았던 장난감들을 도로 제자리에 가져다 놓지 않으면 장난감들이 도망간다는 이야기를 해 줘도 좋습니다. 예전에 샘 아빠가 새로운 장난감에 밀린 우디와 버즈가 슬퍼한다는 이야기를 해 주면서 연기를 했던 것도 좋은 예입니다. 물론 그렇게 하기 위해서는 부모의 아이디어가 풍부해야 하고 꾸며 낸 이야기를 입증하는 노력이 필요하겠죠. 단, 지나치게 무서운 이야기를 꾸며 내는 것은 아이에게 불안과 공포의 감정을 심어 줄 수 있으므로 주의해야 합니다.

Q 양치질을 너무 싫어하는 아이, 부모가 직접 해 주는 것이 좋을까요?

A 부모가 먼저 아이 앞에서 즐겁게 양치질을 하는 모습을 보여 주세요. 양치질을 다 한 다음에 "아! 개운하다."라는 말도 잊지 않고 던집니다. 그런 다음에 온 가족이 함께 양치질을 하는 시간을 정해 놓고 실행하면 가장 좋습니다. 아이가 양치질을 매우 서툴게 할 테니 부모가 직접 해 주거나 마무리를 지어 주는 것이 필요합니다. 아이가 스스로 양치를 하고 난 다음에 부모가 보충해 줄 때도 "이 정도면 잘했어. 마지막으로 저 안쪽에 낀 조그만 닭고기 조각을 아빠가 없애 줄게. 남은 닭고기 먹으려고 조그만 벌레들이 오거든."과 같은 설명으로 양치질의 필요성을 지속적으로 말해 줍니다. 아이에게 올바른 생활 습관을 심어 주기 위해서는 부모가 모범적으로 행동하기, 아이에게 필요성 설명하기, 그리고 마지막으로 끊임없는 시도와 노력이 전부라고 할 수 있습니다.

ADVISER 소아청소년정신과 전문의 **손석한**

집중력과 사고력을 높이는

지능 발달 놀이

PART 05

뜻밖의 재능 발견! 아빠가 힘이 되어 줄게

전지적 아빠 시점

아빠의 꿈

하루하루가 다르게 쑥쑥 크는 윌리엄과 벤틀리.
너희가 무엇을 좋아하고 무엇을 잘하는지
알아 가는 시간들이 아빠는 신기하고 행복해.

아가야! 요즘은
요섹남이 대세라구!

아버님,
저는 프로 먹방러가
되렵니다.
같이 하실래유?
피자 한 판은
기본이지!
NEW YORK
33

얘들아,
하고 싶은 것은
뭐든 꿈꿔 보렴!

형아가 만든 건
다 먹을 거야!
벤토리! 기다려~
형아가 맛있는 거
만들어 줄게.
냠냠~

아무래도 나는
악당을 물리치는
슈퍼히어로가 되는 게
좋겠어!
아야!
아빠는 악당이 아닌데!
항복! 항복!
벤! 아빠 좀 살려 줘!
아빠,
슈퍼맨이라며…?!
이얍!
능청

꿈이 여러 번 바뀌고 나중에 어떤 선택을 하게 되더라도
아빠가 항상 옆에서 응원할게. 너희는 아빠의 꿈이란다.

#장래 희망 #취향 저격 #아빠는 언제나 너희 편 #아빠는 후원자
#윌벤저스 is 뭔들 #히어로 #적성을 찾아서 #365일 꿈이 바뀌어요

★ 쿵짝짝! 해밍턴's 음악대 ★

다양한 조리 도구를 이용하여 음악을 연주하는 놀이이다.
무엇이든 찾고 끄집어내는 것을 좋아하는 호기심 넘치는 벤틀리. 오늘은 또 뭘 하고 있니?
뜻밖에 부엌 수납장에서 온갖 냄비를 다 꺼내 '챙챙' 두드리고 있다.
그러자 윌리엄도 달려와 냄비를 두드리고 나 또한 냄비 뚜껑 심벌즈로 박자를 탄다.
'쿵짝짝' 해밍턴's 음악대의 탄생이다!

윌리엄!
지금 치면 돼?
리듬에 몸을
맡겨~yo~
hey~ 저는
리틀 드러머입니다.

HOW TO PLAY

벤, 네가 좋아하는
조리 도구가 다 모였네.

1 냄비, 프라이팬, 국자, 젓가락 등 조리 도구를 준비한다.

한번 만져 봐.
느낌이 어때?
차가워.
슥 슥

2 조리 도구를 만져 보고 두드리며 질감과 소리를 느껴 보도록 한다.

큰북을 울려라~
둥둥둥!
깡
깡
둥- 둥-
탱
탱

3 젓가락이나 주걱 등으로 냄비나 그릇을 두드려 보며 소리의 차이를 느껴 보도록 한다. 노래도 함께 부른다.

변형 놀이
Shake it!
챠카
치카
씰룩
씰룩
챠카
치카
씰룩
씰룩

페트병 악기 연주

플라스틱 물병에 각각 쌀, 콩 등을 넣고 음악에 맞춰 흔들어 보아요.

전문가 팁! 평소에 자주 보는 조리 도구 중 나무, 스테인리스, 실리콘 등 다양한 소재로 된 것을 골라 연주해 볼 수 있도록 해 주세요. 이러한 악기 놀이는 다양한 인지 발달과 정서 안정에 도움이 됩니다.

★ 주룩주룩 신문지 비 ★

신문지를 찢고 던지며 노는 놀이이다.
벤틀리는 에너지가 넘쳐서 가끔 그걸 발산하지 못해 안절부절못할 때가 있다.
그럴 때는 신문지 놀이가 딱이다! 쫙쫙 찢는 쾌감은 찢어 본 사람만 안다. 그래서 오늘은
신문지로 비를 만들어 뿌려 보기로 한다. "와아아~!" 주룩주룩 내리는 신문지 비와 함께
스트레스를 날리는 아이들의 소리도 커져만 간다.

우와~
월벤저스 만세~!!
촤락~
촤락~
신문지 비가
내려와 ♬
이거 국수
아니에요?

HOW TO PLAY

윌, 벤! 한 달 치
신문이 왔어요~

1 신문지를 여러 장 준비한다.

여기를 잡고 찢어 봐.
찌이익

2 아빠가 신문지를 펴서 양 끝을 잡으면 아이가 신문지 가운데 부분을 잡고 결대로 찢는다.

한 번 더 찢어 볼까?
찌
이
이
익
끙
차

3 찢어진 신문을 다시 모아 아이에게 찢도록 한다.

주룩주룩 신문지
비가 내려요.
와아~

4 이렇게 여러 번 찢은 신문을 모아 아이의 머리 위로 신나게 날려 주면서 노래를 부른다.

전문가 팁!

신문지를 손으로 찢고 만지며 소근육을 발달시키고 가족이 함께 놀이하며 협동심도 기를 수 있습니다. 또한, 신문지는 손쉽게 찢고 구길 수 있어서 성취감을 경험할 수 있고 스트레스도 해소할 수 있답니다.

★ 아찔한 촉감 탐정! ★

주머니 안에 있는 물건을 손의 촉감만으로 알아맞히는 놀이이다.
서로 장난감을 갖겠다고 다투는 아이들. 재미있는 놀이를 제안해 본다.
"주머니 안에 있는 게 뭔지 알아맞힌 사람이 가져가는 거야!" 눈을 꼬옥 감고 망설이는
윌리엄과는 달리 벤틀리는 거침없이 손을 넣고는 금세 젤리를 알아채고 입으로 가져간다.
역시 우리 먹깨비!

어떤 장난감이
들어 있을까?
형아, 너무 오래
만지는 거 아냐?
이…
이 느낌은…!?
흑쉬~
뒤적
뒤적

HOW TO PLAY

오늘은 촉감 탐정이
되어 볼까?

1 작은 주머니나 양말, 그 속에 넣을 작은 물건을 준비한다.

눈뜨기 없기~
SAM
꼬옥

2 아빠가 아이 몰래 주머니 속에 물건을 넣는다.

아이가 물건의 모양, 크기, 촉감 등을 이야기
할 수 있도록 다양하게 질문해 주세요.
SAM
음… 말랑말랑하고
맛있을 것 같고….
뒤적 뒤적

3 아이가 주머니에 손을 넣어 만져 본 후 어떤 물건인지 맞힌다.

??
SAM
윽! 너무 어려워.
힌트 좀 줄래?
뒤적 뒤적

4 아빠와 아이가 번갈아 가며 물건을 숨기고 맞힌다. 아빠가 맞힐 때는 최대한 모르는 척하며 아이에게 힌트를 달라고 한다.

전문가 팁!

눈으로 보았던 것을 시각이 아닌 촉감만으로 인지하게 되면서 정보를 조직하고 추론하는 능력을 기르게 됩니다. 또 이 과정을 통해 평소와 다르게 사고하게 되면서 창의력도 향상시킬 수 있답니다.

★ 터치터치! 동물의 왕국 ★

몸에 붙인 동물 스티커를 누르면 그 동물을 흉내 내는 놀이이다.
깜빡 낮잠이 들었을 때 무언가 내 몸을 쿡쿡 찔러 일어나 보니 아이들이 내 몸에 동물 스티커를 잔뜩 붙이는 중이었다. 요놈들! "이 스티커 누르면 아빠가 동물로 변신해. 눌러 봐!" 서로 누르겠다는 아이들. 덕분에 늑대였다가 고릴라였다가 그야말로 동물의 왕국이 된다.

아빠! 늑대가 너무
살찐 것 같아!
아우~ 아우~
아빠, 아우는
전데요?

HOW TO PLAY

아빠 몸에 동물 스티커 진짜
많지? 한번 눌러 볼래?
응!

1 아빠의 몸에 다양한 동물 모양의 스티커를 붙인다.

우워어어
나는 고릴라!
쿵쾅! 쿵쾅!

2 아이가 스티커를 누르면 해당 동물 소리를 낸다. 이때 실감 나는 표정과 몸짓으로 연기한다.

어흥!
어흥~ 나는
사자다!
꾹
어흥~

3 아이와 역할을 바꿔서 아이 몸에 스티커를 붙이고 눌러서 소리를 내 보게 한다.

변형 놀이
흡~ 뻰!
이제 길게 눌러 줘!
꾹
꾹
꾹

배꼽 풍선 마술

아이가 아빠의 배꼽을 짧게 누르면 아빠는 숨을 들이마셔서 배를 볼록하게 만들고, 배꼽을 길게 누르면 풍선에 바람이 빠지듯이 배를 홀쭉하게 만들어요.

전문가 팁!

몸에 스티커를 붙이고 원하는 동물을 찾는 과정에서 집중력과 관찰력을 기를 수 있습니다. 또 다양한 동물 소리를 따라서 내며 자연스럽게 동물의 이름과 소리를 익힐 수 있답니다.

★ 두근두근 그림 카드 퀴즈 ★

설명을 듣고 그 설명에 해당하는 그림을 찾는 카드놀이이다. 한창 말이 늘어가는 벤을 위해 야심 차게 준비한 과일 그림 카드! 그러나 내 설명을 듣는지 마는지 그림마다 집어 먹는 흉내만 낸다. "벤! 이거 맞히면 쩨쩨 줄 건~데?" 갑자기 눈이 동그래진 벤틀리. 집중력을 발휘하더니 순식간에 문제를 맞힌다. 역시, 동기 부여가 중요하다.

빨간색 속에 까만색 씨가 있는 과일은?
천재 탄생!
빨간 맛~ 수박 아닙니까!?
수박
위풍당당

HOW TO PLAY

카드가 없으면 종이에 그림을 출력하거나
아이와 함께 그림을 그려 만드세요.
복숭아

1 앞면에는 그림이, 뒷면에는 글자가 있는 카드를 준비하여 그림이 보이도록 펼쳐 놓는다.

윌, 나는 얼굴이 빨갛고 머리카락이 삐죽삐죽 초록색이야.
딸기!

2 아빠가 펼쳐 놓은 그림 카드 중 하나에 대해 설명하면 아이가 찾아서 아빠에게 보여 준다.

윌리엄, 이 글자는 딸기야. 딸기!
SAM
딸기!
딸기

3 아이가 찾은 카드가 맞으면 칭찬해 주고, 카드 앞뒤로 번갈아 보여 주며 글자를 익힐 수 있도록 한다.

변형 놀이

아빠는 초록색 카드가 보이게!
SAM
나는 노란색 카드가 보이게!

카드 빨리 뒤집기

앞뒤가 다른 색의 카드 20장을 바닥에 놓고 자신의 색을 정합니다. 그리고 제한 시간 내에 누가 더 자신의 색 카드를 많이 뒤집는지 겨루어요.

전문가 팁!

자신이 알고 있는 정보를 근거로 아빠가 설명하는 것이 무엇인지 추측하는 과정에서 인지 능력이 더욱 향상됩니다. 또 그림과 글자를 연계하여 보면서 자연스럽게 한글을 익힐 수 있답니다.

★ 냠냠~ 컬러 사냥꾼 ★

갖가지 색의 시리얼을 색깔별로 분류하여 접시에 담는 놀이이다.
윌리엄은 색으로 사람이나 사물을 표현한다. 놀라운 재능이다. 그렇다면 벤틀리는?
조기 교육을 시켜 볼까? 초록, 빨강, 노랑, 주황 등 여러 가지 색의 시리얼을 준비했다.
오, 벤틀리가 빠르게 시리얼을 옮겨 담는… 동시에 먹어 치우기까지?
어느새 그릇이 휑~ 하다.

어떤 색이 맛있을 것 같아?
아빠! 다 맛있어 보여요!
설렘 가득
기대 가득

HOW TO PLAY

짜잔~
맛있는 간식 놀이
시간입니다!
COLOR BALL

1 여러 가지 색의 시리얼과 접시를 준비한다.

맞아~ 그 시리얼이
빨간색이야.
역시 벤틀리!

2 색이 섞인 시리얼 중 각 접시와 같은 색의 시리얼을 골라 옮겨 담는다.

냠냠~
다음엔 어떤 색을
먹어 볼까?
시리얼은 섞어야
제맛이죠!
냠 냠

3 시리얼을 색깔별로 옮겨 담은 후 우유를 부어서 맛있게 먹는다.

변형 놀이
하나, 둘,
셋, 네엣…

무지개 탑 만들기

클레이와 스파게티 면으로 기둥을 만들고 링 모양의 시리얼을 기둥에 꽂아 시리얼 탑을 쌓아요.

전문가 팁! 좋아하는 음식을 이용하여 흥미를 돋우고, 분류하는 놀이를 통해 집중력, 협응력을 기를 수 있습니다. 또 색을 구분하며 색감을 익히고 일정한 기준에 따라 분류하는 법도 알 수 있게 된답니다.

★ 조준! 병뚜껑 알까기 ★

병뚜껑을 손가락으로 쳐서 상대방의 병뚜껑을 테이블 밖으로 내보내는 놀이이다.
병뚜껑으로 윌리엄과 알까기 한 판을 벌인다. 윌리엄을 위해 전략이 필요하다.
그래서 고도의 집중력과 손 기술로 내 병뚜껑을 쉽게 칠 수 있도록 밀어 주었더니…
윌리엄이 가소롭다는 듯 피식 웃으며 시원하게 병뚜껑을 발사한다.
역시 스나이퍼 윌리엄이다.

와우~ 윌리엄
백발백중이네!
내 뚜껑을
받아랏!
타악!

HOW TO PLAY

이렇게 '톡' 하고
쳐서 다른 사람의
병뚜껑을 밖으로
내보내는 거야.

1 플라스틱 병뚜껑 10개를 두 가지 색으로 준비한 후 아이에게 놀이 방법을 설명한다.

잘 보세요. 한 방에 둘! 갑니다~
오 마이 가쉬~

2 두 손가락으로 튕기거나 네 손가락으로 밀어 상대방의 병뚜껑을 공격한다.

혹쉬~
나 좀 잘하는 건가?

3 아빠와 번갈아 가며 공격을 주고받고 상대방의 병뚜껑을 모두 내보낸 사람이 이긴다.

변형 놀이
ROUND2
이번에는
지지 않겠어!

누가 많이 넣나?
손가락으로 뚜껑을 쳐서 정해진 구역 안에 가장 많이 넣는 사람이 이기는 놀이예요.

전문가 팁! 상대방의 병뚜껑을 맞혀 내보내기 위해 손가락 힘과 방향을 조절해야 하므로 소근육을 발달시킬 수 있고 눈과 손의 협응력과 조절력이 향상된답니다.

★ 특급 미션! 간식 보물찾기 ★

아이들이 집 안에 숨겨 둔 간식 보물을 찾는 놀이이다.
월과 벤이 보물찾기 탐험을 떠나기로 했다. 단, 보물은 찾는 사람이 갖는다는 조건.
그러자 윌리엄은 매의 눈을 하고선 집 안 구석구석을 뒤지며 보물을 다 찾아내고야 만다.
그러더니 하나도 못 찾은 벤틀리와 나누어 먹겠다고 하는 게 아닌가?!
윌, 너는 마음까지 보석이야.

찾았다!!
오 예~

HOW TO PLAY

눈 감고 조금만 기다려!
간식

1 아이에게 눈을 감으라고 하고 집 안에 간식 보물을 숨긴다.

아가가 벌써 찾은 건가.
자, 이제 찾아봐!
짜 짜
간식

2 보물을 다 숨기면 아이가 눈을 뜨고 찾게 한다.

정리함 근처에서 찾아볼래? 오른쪽으로 두 발~
??
알쏭 달쏭

3 아이가 찾기 어려워하면 힌트를 준다.

변형 놀이
엄마가 제일 좋아하는 것을 찾아오세요.
엄마는 내가 제일 좋다고 하더라.
가방!

우리 집 보물찾기

주제를 정해서 제한 시간 안에 관련 물건을 찾아와요. 예를 들면 엄마가 가장 아끼는 물건 찾기 등요.

전문가 팁!

보물을 찾기 위해 집 안 여러 곳을 자세히 살펴보며 공간 추론력과 관찰력을 기를 수 있습니다. 또 보물을 찾았을 때 자신감도 느끼며 성취감을 기를 수 있답니다.

★ 후후 탁구공 불기 ★

휴지 심으로 만든 길에 탁구공을 놓고 빨대로 불어서 종이 접시까지 빨리 굴러가게 하는 놀이이다.
아이들에게 빨대를 주고 '후~우' 불어 보라고 했더니 계속해서 입으로 '후'하는 소리만 냈다.
결국 물이 담긴 컵에 '보글보글' 물거품을 만들며 빨대 부는 연습을 한 후 놀이를 시작했다.
그러나 시작과 함께 튀어 나가는 탁구공! 어쨌거나 기본을 뛰어넘는구나!

후우~ 후우~
이렇게 하는 거야~
앗! 너무 세게
불었나 보네!
후~!
뿌~!

HOW TO PLAY

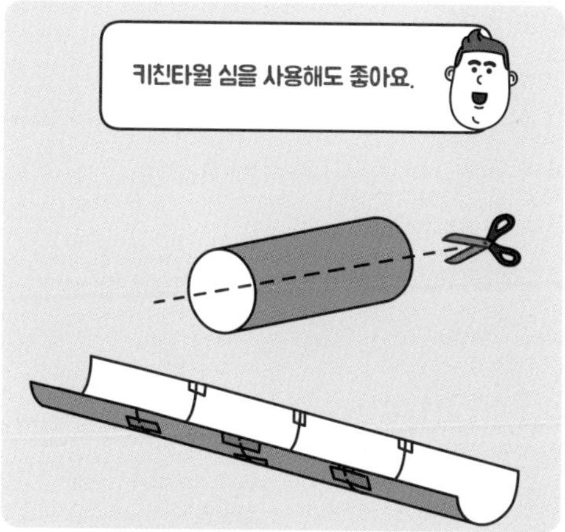
키친타월 심을 사용해도 좋아요.

1 휴지 심 여러 개를 준비하여 반으로 나눈 후 연결하여 길을 만든다.

준비~
스읍

2 길 한쪽 끝에 탁구공을 올려놓고, 반대편 도착지에는 종이 접시를 둔다.

시작!
후~

3 '시작'을 외치면 빨대를 불어 탁구공을 도착지에 보낸다. 이때 먼저 도착하는 사람이 이긴다.

변형 놀이
삐질 삐질
씽~

탁구공 옮기기

휴지 심으로 길게 만든 길에 탁구공을 놓은 다음 떨어뜨리지 않고 반환점을 돌아와요.

전문가 팁!

입으로 바람을 부는 놀이로 폐의 기능을 높일 수 있으며 입김을 부는 방향과 세기를 조절하면서 집중력과 조절 능력을 기를 수 있답니다.

★ 조심조심 종이컵 성 쌓기 ★

종이컵으로 성을 쌓은 후 무너뜨리는 놀이이다.
종이컵은 작고 가벼워서 쌓는 과정에서 무너지기 쉽지만 윌리엄이 누구인가?
하나하나 신중하게 쌓더니 어느새 종이컵 성을 완성한다. 그리고는 "아빠, 나 봐 봐!"
신이 나서 말한다. 뭘? 물어볼 새도 없이 주먹 격파로 마무-으리! 하는 윌리엄.
스트레스가 한 방에 날아가는 순간이다.

와우~ 윌리엄
정말 화끈한데!
아뵤~! 종이컵 성이
무너집니다!
촤르르륵-!

HOW TO PLAY

SAM
오늘은 종이컵으로
제대로 놀아 볼까?

1 종이컵 50~100개를 준비하고 몇 층으로 성을 쌓을지 의견을 나눈다.

종이컵을 뒤집으면
손쉽게 쌓을 수 있어.
아하

2 먼저 종이컵 5개로 2단 높이를 쌓으며 종이컵 쌓기를 연습해 본다.

완성~! 윌리엄보다
더 큰 것 같아!
짜-잔

3 위로 올라갈수록 종이컵 수를 하나씩 줄이면서 피라미드 모양으로 종이컵을 쌓는다.

와르르르르

4 종이컵 성을 다 쌓으면 몇 층인지 세어 본 후 손이나 발, 도구 등을 사용하여 종이컵을 무너뜨린다.

전문가 팁!

종이컵이 중간에 무너지지 않도록 조심조심 쌓으면서 손의 조작 능력과 집중력을 기를 수 있습니다. 또 종이컵을 하나하나 쌓으면서 숫자를 센다면 수의 개념도 자연스럽게 익힐 수 있답니다.

★ 집중! 종이컵 속 구슬 찾기 ★

종이컵 속에 작은 물건을 숨기고 이리저리 섞은 후 물건이 있는 컵을 알아맞히는 놀이이다.
아이들이 조용히 집중하도록 할 때 딱이다. 준비물은 종이컵 3개와 구슬 하나뿐.
나는 구슬을 넣은 컵을 다른 컵들과 섞고 또 섞는다. 종이컵도 돌고, 내 눈도 돌고….
'헉! 근데 어떤 컵이었지?' 헷갈려서 나도 모르게 멈추지만
역시나 단번에 알아맞히는 윌리엄! 넌 역시 최고야!

윌리엄~ 아빠 손
엄청 빨랐는데에~!?
요기 있네!
짜잔~

HOW TO PLAY

윌리엄 어떤 종이컵 안에
물건이 있는지 맞춰 볼래?

1 종이컵 3개와 컵 속에 들어갈 작은 물건을 준비한다.

자~ 눈을 크게 뜨고 보렴~
작은 공이 어디로 갈까~
스윽
슥

2 컵 하나에 물건을 넣어 엎고 다른 컵은 빈 컵으로 엎은 후 마구 섞는다.

어디에 있을까?
요기!

3 물건이 있는 컵을 아이가 알아맞혀 보게 한다.

자…잠깐! 다시 천천히…
눈 크게 뜨세요!
휙
휙

4 아이가 알아맞힐 때까지 아빠가 컵을 섞고 알아맞히면 아이와 역할을 바꾸어 한다.

전문가 팁!

물건이 든 종이컵을 놓치지 않으려고 주시하게 되면서 집중력과 관찰력을 기를 수 있습니다. 또 종이컵을 재빨리 섞으면서 순발력과 협응성이 발달할 수 있답니다.

★ 장난감 신체검사 ★

줄자로 장난감들의 길이를 재고 비교하는 놀이이다.
윌리엄의 키를 재 보았더니 지난해보다 무려 5cm가 더 자랐다.
윌리엄도 신이 났는지 인형 친구들의 키를 재보겠다고 한다. 아직 숫자 개념은
정확히 모르지만 줄자로 길이를 가늠하는 윌리엄이 참 귀여웠다.
윌, 무럭무럭 건강하게만 자라다오.

아빠가 알려 줄게. 자 여기 줄 끝을 잡고 아래부터….
아빠, 이렇게 하는 거 맞아?

HOW TO PLAY

장난감 친구들의 키를 재 볼까?

1 길이가 다른 장난감 여러 개와 줄자를 준비한다.

아빠, 그럼 키가 똑같은 거네.
곰돌이랑 토끼랑 숫자가 똑같네.
26
32
26

2 줄자로 인형의 길이를 재 보고 각 인형의 키를 적어 본다.

SAM
공룡이 제일 크고~ 제일 작은 건 누구지?
어흥이!
32
26
26
12

3 인형을 키 순서대로 놓고 길이를 비교해 본다.

변형 놀이
SAM
이번에는 양팔저울로 누가 누가 무거운지 알아보자!
양팔저울?
8

무엇이 무엇이 무거울까

집에 저울이 있다면 장난감의 무게를 재는 놀이도 해 보아요.

전문가 팁! 장난감의 키를 재면서 관찰력을 기르고 숫자에 대한 개념을 재미있게 익힐 수 있습니다. 또 장난감을 서로 비교하면서 크고 작은 개념과 길이를 비교하는 방법을 알 수 있게 된답니다.

★ 뻥튀기 가면무도회 ★

뻥튀기 과자로 가면을 만들어 쓰고 하는 역할놀이이다.
윌벤저스는 옛날 과자 중 쌀가루가 첨가된 얇고 둥근 뻥튀기를 제일 좋아한다.
장난기가 발동한 내가 뻥튀기에 눈과 코와 입 모양을 만들어서 가면처럼 쓰고 '짜잔~' 등장했다.
그러자 윌과 벤이 악당이 나타났다며 동시에 달려든다.
오늘도 나는 악역인가 보다.

윌! 아빠 얼굴
다 가려진 거 맞쥐?
샘 어디 있게?
아빠는 뻥튀기 말고
피자로 해야 될 듯여~
피식!

연령: 4~6세 아빠 체력: 20%

HOW TO PLAY

윌, 벤! 우리 맛있는 가면을 만들어 보자!
마침 배고팠는데~
초코 펜
초코 펜

1 둥근 뻥튀기 여러 개와 먹을 수 있는 초콜릿으로 된 펜을 준비한다.

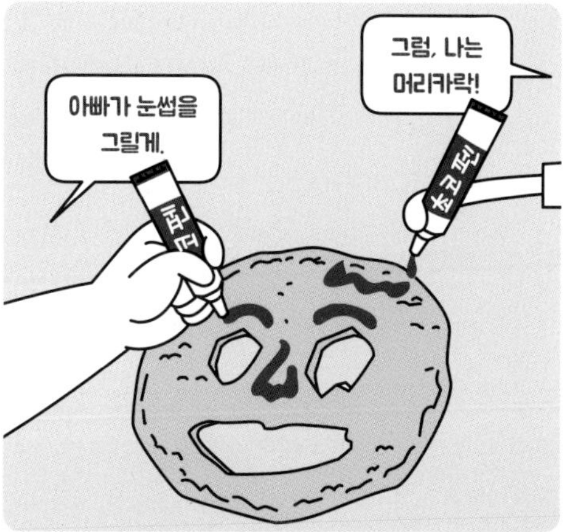
아빠가 눈썹을 그릴게.
그럼, 나는 머리카락!

2 손가락으로 뻥튀기를 뚫어 눈과 입을 만든 후, 초코 펜으로 눈썹, 코 등을 그려 완성한다.

나는 먹깨비 유령이야. 냠냠~
아빠, 나는 뻥튀기 유령이야!
8

3 가면을 여러 개 만들어 상황이나 역할에 따라 얼굴에 쓰면서 역할극을 한다.

변형 놀이
어떤 것부터 맞춰 볼까?
요고!

뻥튀기 퍼즐

뻥튀기를 여러 조각으로 잘라서 원래 모양으로 퍼즐 맞추기를 해 봐요. 조각을 많이 낼수록 난이도를 높일 수 있어요.

전문가 팁!

뻥튀기 가면을 만들며 눈, 코, 입의 위치와 모양, 역할을 인식할 수 있습니다. 또 다양한 표정의 얼굴을 만들고 다른 사람과 역할극을 하면서 상상력을 기르고 감정을 발산하면서 표현력을 키울 수 있답니다.

★ 자동차 컬링 대회 ★

장난감 자동차를 굴려 목표한 지점에 넣는 놀이이다.
두 아들을 키우다 보니 집 안에 장난감 자동차가 넘쳐 난다.
윌벤저스에게 컬링의 재미를 알려 주고 싶어서 컬링과 비슷한 규칙을 만들었다.
바닥에 마스킹 테이프로 목표 지점을 만들고 순서대로 장난감 자동차 굴리기!
비록 내가 졌지만 정말 멋진 승부였다.

아~ 아깝다!
I win!
부릉
부릉

연령: 4~6세 | 아빠 체력: 20%

HOW TO PLAY

미니카 컬링 대회가
열리겠습니다~
우와~!!

1 바닥에 마스킹 테이프로 도착 지점을 표시하고 도착 지점과 적당한 간격을 두고 출발 준비를 한다.

저 선에 자동차가 가장
가깝게 도착하는 사람에게
스티커를 상으로 줄게!
아빠
뒤로 와.

2 출발선에서 장난감 자동차를 굴려 도착 지점에 가장 가깝게 도착한 사람에게 스티커를 준다.

와! 윌리엄 자동차가
더 가깝게 들어갔어!

3 같은 방법으로 3번의 경기를 해서 스티커를 많이 받은 사람이 이긴다.

변형 놀이
허 엇

자동차 컬링 대회 2

자동차를 각자 3대씩 굴려서 원 안에 가장 많은 자동차가 들어간 사람이 이기는 놀이예요.

전문가 팁!

자동차를 일정한 곳에 넣기 위해 힘을 조절하면서 집중력과 조절 능력이 좋아질 수 있습니다. 또 여러 번 실패를 거듭하며 문제를 해결하는 능력도 기를 수 있답니다.

★ 추억의 보리쌀 놀이 ★

보리 또는 쌀을 외치며 상대편 손에 주먹을 넣었다 뺐다 하는 놀이이다.
보리쌀 놀이는 그야말로 국민 놀이라 하겠다. 사실 이 놀이를 잘 몰랐는데 아내가 아이들과 하는 걸 보면서 어깨너머로 배웠다. 드디어 유미가 외출한 날, 윌리엄에게 도전장을 내밀었고 작은 손을 감싸 쥘 때마다 행복감이 밀려왔다.
윌, 일부러 잡혀 준 거 맞지?

윌은 보리보다
쌀이 좋아~
파악~
아빠가 잡았쥐?

HOW TO PLAY

옛날에 곳간에 쥐가 들어와서
쌀과 보리를 훔쳐 먹었대.
나쁜 도둑
쥐!

1 아이와 마주 보고 앉아 이야기를 곁들여 놀이를 설명하며 흥미를 유발한다.

'보리'라고 말하면
잡지 않고
'쌀'이라고 말하면
잡는 거야.
보리
보리
보리
'쌀'에서 아빠를
잡는 거구나!

2 아빠가 먼저 주먹을 쥐고 '쌀' 또는 '보리'를 외치면서 아이의 손 안에 주먹을 넣었다 뺐다 한다.

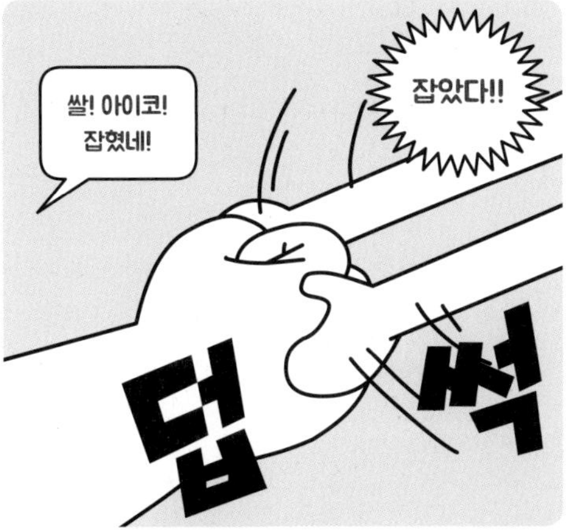
쌀! 아이코!
잡혔네!
잡았다!!
덥
석

3 '쌀' 또는 '보리'를 외치며 놀이하다가 '쌀'에서 아이에게 잡힌다.

윌리엄, 쌀은 언제 해?
보리
보리
보리
보리
보리
보리

4 역할을 바꾸어 아이가 '쌀' 또는 '보리'를 외치며 놀이를 한다.

전문가 팁!

쌀 또는 보리를 외치며 속도와 강도를 조절하는 과정에서 순발력과 인지 능력을 기를 수 있습니다. 또 자신을 통제하고 성공하는 과정에서 성취감을 느끼고 자존감을 향상시킬 수 있답니다.

★ 속닥속닥 귓속말로 전하기 ★

이야기를 귓속말로 듣고 귓속말로 전달하는 놀이이다.
요즘 부쩍 자기주장이 강해지고 소리를 지르는 벤틀리.
귓속말 놀이로 다른 사람 말에 귀 기울이고 작게 말하는 법을 알려 주기로 했다.
온 가족이 참여하여 유미가 시작, 벤틀리에 이어서 윌리엄이 내 귀에 속삭였다.
그런데 윌, 정말 엄마가 만화 보여 달라고 한 거니? 네 마음이 아니고?

소곤소곤~
간질간질~
으…응? 잘 안 들려~
아빠, 〈고스트바스터즈〉
보고 싶어!

HOW TO PLAY

윌! 벤! 너희에게
말할 비밀이 있어.
SAM
?
?

1 아이들에게 비밀 이야기를 하자고 하며 흥미를 돋운다. 온 가족이 참여하면 더욱 재미있다.

아빠가 윌에게 귓속말로 비밀 얘기를 해 주면
윌이 벤에게 전달해 줘.
O.K.

2 아빠가 먼저 아이에게 단어나 문장 하나를 전달한다.

사랑해!

3 차례로 다음 사람에게 귓속말로 단어를 전달한다.

사랑해!
샹~해!

4 맨 마지막 사람이 들은 말을 크게 얘기해 주어 처음 말한 사람의 말과 맞는지 비교한다.

전문가 팁!

말을 바르게 전달하기 위해서는 어떻게 해야 하는지, 바르게 듣고 바르게 말하는 것이 왜 중요한지 알 수 있게 됩니다. 또 비밀을 지키며 전달하는 사람들과의 관계에서 사회성을 기를 수도 있답니다.

우리 아이 언어 발달 방법

혹쉬··· 윌리엄은 천재가 아닐까?

윌리엄의 말문이 막 트였을 무렵이었다. 내 말을 따라 하는 모습이 어찌나 예쁘고 사랑스러운지 작은 입을 오물거리며 말할 때마다 내 눈에서 하트가 뿅뿅 나왔다. 그렇게 말이 늘어 가던 어느 날, 윌리엄이 재미있는 이야기를 했다.

"아빠는 파란색, 엄마는 빨간색,

벤토리는 노란색, 나는 초록색."

와우! 사람을 색으로 표현한다고? 이 얼마나 대단한 표현력이며 상상력인가? 아빠의 한국어 실력에 비하면 그야말로 꿈과 상상력의 색채 마술사 샤갈 격이다.

음?
시폴…?!
시폴 삼촌
우리 집에 놀러
안 와?

그것뿐이 아니다. 말이 더 늘자 사람을 기억하고 표현할 때 그 사람의 특징이나 상황을 떠올려 별명을 부르기 시작했다. 초콜릿을 준 작가 이모는 '초콜릿 이모', 싱가포르에 함께 촬영을 다녀온 매니저 삼촌은 '시폴 삼촌'(오해는 금물!).

하지만 관찰력과 언어 능력이 남달라서일까? 질문도 매일같이 쏟아진다.

차를 타고 이동하던 중 역시나 윌리엄이 질문 공세를 퍼붓기 시작했다.

"아빠, 차들이 어떻게 똑같이 다 서는 거야?"

"저기 있는 신호등을 보고 서지."

"신호등?"

"신호등에 켜지는 불의 색깔로 'GO', 'STOP'을 알려 주는 거야. 규칙을 정한 거지."

"아, 초록색은 GO! 빨간색은 STOP! 그럼 주황색은?"

윌리엄은
혹시…
언어 천재?

그러나 운전하느라 정신이 없었기 때문에 바로 대답을 하지 못했다. 집에 돌아와서 잊고 있던 나에게 윌리엄이 다시 물었다. 당황한 나는 그제서야 윌리엄에게 "그건 가다가 'STOP' 준비를 하라는 거야."라고 설명을 해 주었다. 그러자 윌리엄은 거북처럼 기어가는 흉내를 내며 말했다.

"아하! 거북이처럼 천천히 가다가 멈추라는 거구나!"

빨리 달리던 자동차가 천천히 움직이는 게 마치 거북이 기어가는 것처럼 보였나 보다. 표현력도 표현력이지만 기억력과 관찰력 또한 정말 남다른 것 같다. 내 자식은 다 천재로 보인다더니 나도 그런 걸까?

텔레비전에서
봤어. 거북이는
엉금엉금 천천히
기어가잖아.
역시 형아는
대단해!

이 세상에 바보 같은 질문은 없다고 생각한다.

또 세상 모든 걸 아는 사람도 존재하지 않는다고 생각한다. 호주에서는 어렸을 때부터 질문하고 대답하는 토론 문화가 자연스럽다. 아이들이 질문하는 것을 두려워해서는 안 된다고 생각하기 때문이다.
아이들의 언어 발달은 질문에서 시작되고 생활 속에서 발전하는 게 아닐까? 앞으로도 윌벤저스의 질문에 항상 귀 기울이고 더 많은 대화를 나누고 싶은 마음이다.

윌! 왜 그런지 잘 생각해 봐?
아빠! 벤토리가 거꾸로 서 있어. 어떻게 거꾸로 서 있는 거야?

아빠, 이제 저의 폭풍 질문이 시작될 거예요. 기대하세요!
왜
왜
왜
왜
왜

샘 아빠도 궁금한 육아 지식 Q&A

Q 아이의 끝도 없는 질문, 매번 답하는 게 어려워요. 어떻게 하면 좋을까요?

A 사실 질문이 끝이 없는 것은 아닙니다. 질문은 언젠가 끝이 나게 되어 있지요. 아이의 입장에서는 완전히 이해되지 않았고 연관된 궁금증이 계속 생겨나는 중이라 질문을 하게 되는 거죠. 이것은 아이의 인지 능력이 발달하고 있음을 의미하는 것입니다. 그러니 아이의 발달과 호기심 충족을 위해서는 부모가 끝까지 잘 대답해 주는 것이 중요합니다. 엉뚱한 질문에 당황하게 된다고요? 그럴 때는 꼭 정답만을 말할 필요는 없습니다. "아빠 생각에~"라고 아빠의 생각을 자연스럽게 들려주면 됩니다. 동심을 파괴하지 않으면서 생각하는 기회를 만들어 주는 대답으로 충분하답니다. 그러나 부모가 정말 대응하기 어렵고 힘들거나 지칠 때는 솔직하게 아이에게 "이제 그만 얘기하고 다른 놀이를 할까?" 하며 아이의 관심을 즐거운 놀이 활동으로 돌려 보세요.

Q 아이의 언어 발달을 위해 부모가 할 역할은 무엇인가요?

A 아이의 말에 민감하게 반응하고 확장하며 상호 작용하는 것이 좋습니다. "아빠 물 주세요!"라고 말했을 때 아빠는 "시원한 물로 줄까, 아니면 미지근한 물로 줄까?"라고 확장합니다. 아이가 "시원한 거요."라고 말하면 아빠가 다시 "우리 ○○는 시원한 것 또 뭐 좋아해?"라는 식으로 연관된 단어를 이용하여 아이가 생각하고 말하게끔 유도해 보는 것입니다. 또 아이의 일상적인 행동도 아빠가 말로 표현해 주면 좋습니다. "우리 ○○가 블록을 쌓고 있네. 빨간색 블록이 파란색 블록보다 작아서 위에 놓았구나." 그러면 아이는 자신의 행동을 말로 어떻게 표현할지 아빠로부터 미리 배우는 셈이 되니까 언어 발달에 큰 도움이 될 것입니다.

ADVISER 소아청소년정신과 전문의 **손석한**

Hola

ooo

@#

#001

여전히 노력하는 중입니다

아이에게 부모는 세상을 살아가는 기준이 되는 사람이다.
나의 어린 시절에는 아빠가 없었다.
그래서 아이에게 어떤 모습으로 서야 할지 떠올릴 때면 막연하기도 하다.
하지만 내가 만들고 싶은 아빠의 모습은
존경할 수 있는 친구 같은 사람이다.
나는 두 아들에게 단순히 면도하는 것에서부터
남자가 알아야 할 모든 것을 전해 주고 싶다.

#002

육아에 정답은 없다

나는 내가 육아를 잘한다고 생각하지 않는다.
TV에 비친 모습이나 책에 담긴 육아 방식도 정답은 아니다.
'예의 바르게 그리고 행복하게'
그 기준만 생각하며 때로는 친구처럼 놀아 주고
때로는 엄하게 훈육한다.

행복은 가까이에 있다

나와 우리 가족의 이야기를 책으로 쓰면서

행복의 의미를 다시 한 번 생각해 봤다.

우리는 타인의 시선을 의식할 수밖에 없지만

그러다가 우리 가족의 이 아름다운 시간들을 다 놓칠 수는 없다.

문득 안아 주거나 밤길을 함께 걸어 주고 서로와의 약속을 지키려 노력하는 것

사소한 일이지만 그게 행복이고 살아가는 이유가 된다.

지금 나의 가장 큰 역할은 아이들에게 이런 사소한 행복을 만들어 주는 것이 아닐까.

그렇게 우리 가족은 조금씩 성장해 가며 더 큰 행복을 만들어 간다.

아 참...

이 책을 쓰면서 함께 한 우리 가족,

출판사 편집자 및 관계자들께

다시 한 번 감사드린다는 말을 전하고 싶다.

Sam Hammington
샘해밍턴

샘 해밍턴의 하루 5분

아빠랜드

초판 1쇄 인쇄	2019년 12월 3일
초판 1쇄 발행	2019년 12월 13일

지은이	샘 해밍턴
감수	손석한, 권오진
펴낸이	이욱상
개발 총괄	김영지
기획·책임 편집	김희수, 신다애, 김지연
교정	정삼영
디자인	ALL design group
사진	꽃남살롱
그림	김교수프로덕션
마케팅	김영란, 박숙정, 김채현, 허도영
제작	박홍진, 이철종

펴낸 곳	동아출판(주) 구층책방
신고번호	제300-1951-4호
주소	서울시 영등포구 은행로 30(우 07242)
전화	1644-0600

ISBN	978-89-00-44889-4(13590)

※ 책값은 뒤표지에 표시되어 있습니다.

※ 잘못된 책은 구입하신 서점에서 바꾸어 드립니다.

※ 이 도서의 국립중앙도서관 출판예정도서목록(CIP)은 서지정보유통지원시스템 홈페이지(http://seoji.nl.go.kr)와 국가자료공동목록시스템(http://www.nl.go.kr/kolisnet)에서 이용하실 수 있습니다. (CIP제어번호: CIP2019048623)